Furniture Design
Reading this is enough

陈根
编著

家具设计
看这本就够了 全彩升级版

化学工业出版社

·北京·

本书紧扣当今家具设计学的热点、难点与重点，主要涵盖了广义家具设计所包括的家具设计概论、世界现代家具设计简史及代表性作品、家具设计的相关理念、家具造型设计、家具的材质设计、家具的装饰设计、家具的结构设计、家具的色彩设计、家具的工艺设计、家具的设计流程、人机工程学、家具与环境共12个方面的内容，全面介绍了家具设计及相关学科所需掌握的专业技能，知识体系相辅相成。在本书的各个章节中精选了很多与理论紧密相关的图片和案例，增加了内容的生动性、可读性和趣味性，易于理解和接受。本书对于如何提升家具产品附加值、增强家具设计及制造企业的核心竞争力、促进产业结构升级等具有借鉴和参考作用。

本书可作为家具设计从业人员的学习和培训用书，还可作为高等院校家具设计、家具设计管理、家具营销等专业的教材和参考书。

图书在版编目（CIP）数据

家具设计看这本就够了：全彩升级版 / 陈根编著
. -- 北京：化学工业出版社，2019.9（2024.5重印）
ISBN 978-7-122-34908-8

Ⅰ．①家…　Ⅱ．①陈…　Ⅲ．①家具－设计　Ⅳ．
①TS664.01

中国版本图书馆 CIP 数据核字（2019）第 151224 号

责任编辑：王　烨　项　潋　　　　　美术编辑：王晓宇
责任校对：宋　玮　　　　　　　　　装帧设计：水长流文化

出版发行：化学工业出版社（北京市东城区青年湖南街 13 号　邮政编码 100011）
印　　装：涿州市般润文化传播有限公司
710mm×1000mm　1/16　印张14¾　字数293千字　2024 年5月北京第 1 版第 7 次印刷

购书咨询：010-64518888　　　售后服务：010-64518899
网　　址：http://www.cip.com.cn
凡购买本书，如有缺损质量问题，本社销售中心负责调换。

定　价：89.00 元

前言

消费是经济增长的重要引擎，是中国发展巨大潜力所在。在稳增长的动力中，消费需求规模最大、和民生关系最直接。

供给侧改革和消费转型呼唤工匠精神，工匠精神催生消费动力，消费动力助力企业成长。中国经济正处于转型升级的关键阶段，涵养中国的现代制造文明，提炼中国制造的文化精髓，将促进我国制造业由大国迈向强国。

而设计是什么呢？我们常常把"设计"两个字挂在嘴边，比方说那套房子装修得不错、这个网站的设计很有趣、那张椅子的设计真好、那栋建筑好另类……设计俨然已成日常生活中常见的名词。2015年10月，国际工业设计协会（ICSID）在韩国召开第29届年度代表大会，沿用近60年的"国际工业设计协会（ICSID）"正式改名为"国际设计组织"（WDO, World Design Organization），会上还发布了设计的最新定义。新的定义如下：设计旨在引导创新、促发商业成功及提供更好质量的生活，是一种将策略性解决问题的过程应用于产品、系统、服务及体验的设计活动。它是一种跨学科的专业，将创新、技术、商业、研究及消费者紧密联系在一起，共同进行创造性活动，并将需解决的问题、提出的解决方案进行可视化，重新解构问题，并将其作为建立更好的产品、系统、服务、体验或商业网络的机会，提供新的价值以及竞争优势。设计是通过其输出物对社会、经济、环境及伦理方面问题的回应，旨在创造一个更好的世界。

由此我们可以理解，设计体现了人与物的关系。设计是人类本能的体现，是人类审美意识的驱动，是人类进步与科技发展的产物，是人类生活质量的保证，是人类文明进步的标志。

设计的本质在于创新，创新则不可缺少工匠精神。本系列图书基于"供给侧改革"与"工匠精神"这一对时代热搜词，洞悉该背景下的诸多设计领域新的价值主张，立足创新思维而出版，包括了《工业设计看这本就够了》《平面设计看这本就够了》《家具设计看这本就够了》《商业空间设计看这本就够了》《网店设计看这本就够了》《环境艺术设计看这本就够了》《建筑设计看这本就够了》《室内设计看这本就够了》共8个分册。本系列图书紧扣当今各设计学科的热点、难点和重点，构思缜密，精选了很多与理论部分紧密相关的案例，可读性高，具有较强的指导作用和参考价值。

本系列图书第一版出版已有两三年的时间，近几年随着供给侧改革的不断深入，商业环境和模式、设计认知和技术也以前所未有的速度不断演化和更新，尤其是一些新的中小企业凭借设计创新而异军突起，为设计知识学习带来了更新鲜、更丰富的实践案例。

本次修订升级，一是对内容体系进一步梳理，全面精简、重点突出；二是，在知识点和案例的结合上，更加优化案例的选取，增强两者的贴合性，让案例真正起到辅助学习知识点的作用；三是增加了近几年有代表性的商业案例，突出新商业、新零售、新技术，删除年代久远、陈旧落后的技术和案例。

本书内容涵盖了家具设计的多个重要流程，在许多方面提出了创新性的观点，可以帮助从业人员更深刻地了解家具设计专业；帮助家具产品设计及制造企业确定未来产业发展的研发目标和方向，升级产业结构，系统地提升创新能力和竞争力；指导和帮助欲进入家具设计行业者深入认识产业和提升专业知识技能。另外，本书从实际出发，列举众多案例对理论进行通俗形象地解析，因此，还可作为高校学习家具设计、家具设计管理、家具设计营销、家具人机工程学等方面的教材和参考书。

本书由陈根编著。陈道利、朱芋锭、陈道双、李子慧、陈小琴、高阿琴、陈银开、周美丽、向玉花、李文华、龚佳器、陈逸颖、卢德建、林贻慧、黄连环、石学岗、杨艳为本书的编写提供了帮助，在此一并表示感谢。

由于水平及时间所限，书中不妥之处，敬请广大读者及专家批评指正。

编著者

CONTENTS　　　　　　　　目录

01 家具设计概论

02 世界现代家具设计简史及代表性作品

03 家具设计的相关理念

04 家具的造型设计

05 家具的材质设计

06 家具的装饰设计

07 家具的结构设计

08 家具的色彩设计

09 家具的工艺设计

10 家具的设计流程

11 人机工程学

12 家具与环境

01

家具设计
概论

1.1 家具的概念

家具，概而言之，就是人们在日常生活和工作中所使用的器具。在中国南方又叫作家私，即为家用杂物。家具在概念上有广义和狭义之分。就广义而言，家具是人类维持正常生存繁衍、从事生产实践和开展社会活动所处环境中必不可少的一类承载器具。就此广义的概念，一方面，人类自身的进化与生存方式、方法的转变促进了"家具"功能和形态的变革；另一方面，家具的结构形态又反作用于人类的生活方式和工作方式。就狭义而言，家具是人类在生活、工作、社交等活动场所中用于坐、卧、作业、储藏或展示物品的一类器具，同时又是建筑室内陈设的装饰物，与建筑室内环境融为一体。可以说，家具是人在日常起居生活中与空间发生联系的载体与媒介。

随着人类物质文明的发展，关于"家具"的概念、范畴、分类、结构、材料等都在不断变化。"家庭用器具"的含义在不断丰富。在原始社会时期，洞穴中的一块大石头经过敲击、打磨可能就兼备着寝具、桌具、坐具的作用，甚至是氏族会议时的"议事桌"及祭祀时的"供桌"；进入封建礼教社会，家具除了基本的功能作用，造型和材料也不断丰富，社会含义更加多样化、细致化——专物专用，如作为礼器服务于王宫与各级官邸之中，或作为法器摆设于庙堂之上。可以说，人类社会活动的丰富推动着家具的功用性、装饰性的发展，并形成了不同时期、不同地域的家具文化传统。时至今日，家具更是无处不在，制造技术的更新，工艺材料的丰富，设计理念的融汇，各种家具为迎合生活中的不同使用要求而产生，以各自独到的功能服务于现代生活的各个方面——起居工作、教育科研、社交娱乐、休闲旅游等活动中，也由原来单一的家具类型发展到与使用空间功能特性密切结合的各类系统化、风格化家具，如宾馆家具、商业家具、办公家具、餐吧家具、古典家具、现代家具、新古典家具以及民用家具中的起居家具、厨房家具、儿童家具等，各种分类方法层出不穷，总之，它们都是以不同的功能特性、不同的装饰语义，来满足不同使用群体的不同心理和生理需求。

家具设计则是以家具为对象的一种设计形式，家具设计作品可能是一种室内陈设，可能是一件艺术品，可能是一件日用生活用品，也可能是一件工业产品。因此，可以对家具设计作如下定义。

家具设计是指为满足人们使用的、心理的、视觉的需要，在产品投产前所进行的创造性的构思与规划，通过采用手绘表达、计算机模拟、模型或样品制作等手法表达出来的过程和结果。它围绕材料、结构、形态、色彩、表面加工、装饰等赋予家具产品新的形式、品质和意义。

家具设计是一种创造性活动，旨在确定家具产品的外形质量（即外部形状特征）。它不仅仅指外貌式样，还包括结构和功能，它应当从生产者的立场以及使用者的立场出发，使二者统一起来。

家具设计师从家具使用者的立场和观点出发，结合自己对家具的认识，对家具产品提出新的和创造性的构想，包括对外貌样式的构想、内部结构的构想、使用功能的构想、使用者在使用家具时的体验和情感构想等，用科学的语言加以表达并协助将其实现。

这样的一系列过程就称为家具设计（图1-1）。

● 图1-1　家具设计

在当代商业背景下，家具设计是一项具有商业目的的设计活动。它需要完成对社会的责任和业主对具体产品设计任务的委托，达到社会、业主、设计师都满意的结果。

目前家具设计机构可分为两种基本形式：一是家具企业内的设计机构；二是独立的设计机构。企业内的设计机构依附于企业，以企业内部的设计任务为重点工作内容，长期以来，我国的家具设计机构都主要以这种形式存在。随着家具产品设计地位的日益提高，设计机构专业化分工势在必行，即成立独立的设计机构。家具生产企业可根据市场需求，把自己欲开发的产品委托给这类专业的设计公司来完成，这样有利于优秀的设计人员为多家公司开发不同形式的产品，充分利用人才资源，避免各个生产企业均有设计部门，易造成工作量不足、信息渠道不畅及产品开发设计成本高等不良现象。

1.2 家具设计分类

家具可以从用材、功能、风格和环境四个方面分类，如表1-1所示。

表1-1 家具设计分类

用材	木制家具	金属家具	塑料家具	软体家具	玻璃家具	石材家具
功能	坐卧类家具	凭倚类家具	收纳类家具	装饰类家具		
风格	西方古典家具	中国古典家具	现代家具			
环境	住宅建筑家具	公共建筑家具	户外家具			

1.2.1 按用材分类

（1）木制家具

古今中外的家具用材均以木材和木质材料为主。木质家具（图1-2）主要包括实木家具和木质材料家具，前者是对原木材料实体进行加工的；后者是对木质进行二次加工成材，如以胶合板、刨花板、中密度纤维板、细木工板等人造板材为基材，对表面进行油漆、贴面处理而成的家具，相对于实木，在科技与工艺支持下，人造板材可以赋予家具一些特别的形态。

●图1-2 木质座椅

（2）金属家具

金属家具是指完全由金属材料制作或以金属管材、板材或线材等作为主构件，辅以木材、人造板、玻璃、塑料等制成的家具。金属家具可分为纯金属家具、与木质材料搭配的金属家具、与塑料搭配的金属家具、与布艺皮革搭配的金属家具及与竹藤材搭配的金属家具等。金属材料与其他材料的巧妙结合，可以提高家具的性能，增强家具的现代感。

案例
法国经典的 Tolix 金属椅

Tolix椅是1934年由Xavier Pauchard设计的，享誉世界。早期是作为户外用家具设计，力图展现法式慵懒而闲适的气质，为全世界时尚设计师所宠爱，从室外扩展到家居、商业、展示等多个用途，特别是近年来与混搭、乡村、美式、怀旧、北欧简约、中式等主要装修风格搭配，呈现出独特的韵味，被时尚界赞为"百搭第一"椅（图1-3）。

● 图1-3　法国经典的Tolix金属椅

（3）塑料家具

一种新材料的出现对家具的设计与制造能产生重大和深远的影响，例如，轧钢、铝合金、塑料、胶合板、层积木等。毫无疑问，塑料是20世纪对家具设计和造型影响最大的材料之一。塑料制成的家具具有天然材料家具无法代替的优点，尤其是整体成型，色彩丰富，防水防锈，成为公共建筑、室外家具的首选材料（图1-4）。塑料家具除了整体成型外，还可制成家具部件与金属、材料、玻璃等配合组装成家具。

（4）软体家具

软体家具在传统工艺上是指以弹簧、填充料为主，在现代工艺上还包括泡沫塑料成型以及充气成型的（图1-5）具有柔软舒适性能的家具，如沙发、软质座椅、座垫、床垫、床榻等。这是一种应用很广的普及型家具。

● 图1-4　塑料家具

● 图1-5　充气沙发

●图1-6 玻璃家具

（5）玻璃家具

玻璃家具（图1-6）一般采用高硬度的强化玻璃和金属框架，玻璃的透明清晰度高出普通玻璃的4～5倍。

用20mm甚至25mm厚的高明度车前玻璃做成的家具是现代家具装饰业正在开辟的新领地。高硬度强化玻璃坚固耐用，能承受常规的磕、碰、击、压的力度，将逐渐打消消费者以往的顾虑，而更被这种由高科技工艺与新颖建材结合而成的新潮家具所演绎出的一派现代生活的浪漫与文化品位所深深吸引。玻璃家具的常用常新也是受到青睐的一个重要因素。

（6）石材家具

家具使用的石材有天然石和人造石两种。全石材家具在室内环境中用得很少，石材在家具中多用于全台面等局部设计中，如茶几的台面和橱柜的台面等，要么起到防水与耐磨的作用，要么形成不同材质的对比。

案例

意大利公司 Marsotto Edizioni 大理石家具

意大利公司 Marsotto Edizioni 专注于用全新的方法和流程来设计大理石家具。这家公司的老板是一对夫妇，他们发现没有任何一家公司设计并生产过小型大理石家具，而这种用自然石材制作的限量版家具拥有很大的市场潜力。同时，他们还想要保护并继承古老的大理石手工加工技艺。他们与很多国际知名设计师合作并设计了一系列精美的大理石家具（图1-7）。

●图1-7 意大利公司 Marsotto Edizioni 大理石家具

1.2.2 按功能分类

这种分类方法是根据家具与人体的关系和使用特点，按照人体工程学的原理进行分类的，是一种科学的分类方法。

（1）坐卧类家具

坐卧类家具（图1-8）是家具中最古老、最基本的类型。家具在历史上经历了由早期席地跪坐的矮型家具，到中期的垂足而坐的高型家具的演变过程，这是人类告别动物的基本习惯和生存姿势的一种文明创造的行为，这也是家具最基本的哲学内涵。

● 图1-8 坐卧类家具

坐卧类家具是与人体接触面最多，使用时间最长，使用功能最多、最广的基本家具类型，造型式样也最多、最丰富。坐卧类家具按照使用功能的不同，可分为椅凳类、沙发类、床榻类3大类。

（2）凭倚类家具

凭倚类家具是指家具结构的一部分与人体有关，另一部分与物体有关，主要供人们依凭和伏案工作，同时也兼具收纳物品功能的家具。它主要包括以下两类。

① 桌台类　它是与人类工作方式、学习方式、生活方式直接发生关系的家具，其高低宽窄的造型必须与坐卧类家具配套设计，具有一定的尺寸要求，如写字台、抽屉桌、会议桌、课桌、餐台、试验台、电脑桌、游戏桌等（图1-9）。

● 图1-9 桌台类家具

●图1-10　茶几

② 几类　与桌台类家具相比，几类一般较矮，常见的有茶几、条几、花几、炕几等。几类家具发展到现代，茶几成为其中最重要的种类（图1-10）。由于沙发家具在现代家具中有着重要地位，茶几随之成为现代家具设计中的一个亮点。由于茶几日益成为客厅、大堂、接待室等建筑室内开放空间的视觉焦点家具，今日的茶几设计正在以传统的实用配角家具变成集观赏、装饰于一体的陈设家具，成为一类独特的具有艺术雕塑美感形式的视觉焦点家具。在材质方面，除传统的木材外，玻璃、金属、石材、竹藤的综合运用使现代茶几的造型与风格千变万化、异彩纷呈。

（3）收纳类

收纳类家具是用来陈放衣服、棉被、书籍、食品、用具或展示装饰品等的家具，主要是处理物品与物品之间的关系，其次才是人与物品的关系，即满足人在使用时候的便捷性，在设计上，必须在适应人体活动的一定范围内来制定尺寸和造型。此类家具通常以收纳物品的类型和使用的空间冠名，如衣柜、床头柜、橱柜、书柜、装饰柜、文件柜等。在早期的家具发展中，箱类家具也属于此类，由于建筑空间和人类生活方式的变化，箱类家具正逐步从现代家具中消亡，其储藏功能被柜类家具所取代（图1-11）。

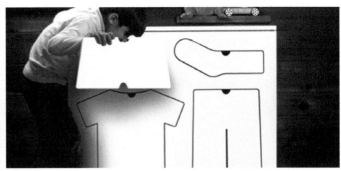

●图1-11　儿童衣柜

收纳类家具在造型上分为封闭式、开放式、综合式3种形式，在类型上分为固定式和移动式两种基本类型。法国建筑大师与家具设计大师勒·柯布西耶早在20世纪30年代就将橱柜家具固定在墙内，美国建筑大师赖特也以整体设计的概念，将储藏家具设计成建筑的结合部分，可以视为现代储藏家具设计的典范。

（4）装饰类

屏风与隔断柜是特别富于装饰性的间隔家具，尤其是中国的传统明清家具，屏风、博古架更是独树一帜，以其精巧的工艺和雅致的造型，使建筑室内空间更加丰富通透，空间的分隔和组织更加多样化。

屏风与隔断对于现代建筑强调开敞性或多元空间的室内设计来说，兼具有分隔空间和丰富变化空间的作用。随着现代新材料、新工艺的不断出现，屏风或隔断已经从传统的绘画、工艺、雕屏发展为标准化部件组装、金属、玻璃、塑料、人造板材制造的现代屏风，创造出独特的视觉效果（图1-12）。

●图1-12　屏风

1.2.3 按风格分类

按照家具发展的时间顺序、风格特点和地区的不同，进行如下分类。

（1）西方古典家具

① 古埃及家具　史学家认为古埃及才是西方文明的发源地，西方家具也是如此。古埃及的家具风格和造型以对称原则为基础，比例合理，外观富丽而威严，装饰手法丰富动人，常采用动物腿形做家具腿部造型，充分显示了人类征服自然的勇气和信心。结构上已掌握了多种结构方法，有些方法至今仍未被突破。在涂饰方法上，已采用水性涂料，如先涂灰泥，再以矿物颜料彩绘；或涂灰泥后，再涂带有黏性的兽油或树脂，然后贴金箔等（图1-13 ～图1-15）。

●图1-13　古埃及壁画中的家具工场

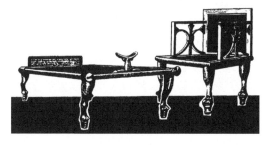

●图1-14　古埃及吉萨金字塔中出土的随葬床和椅

●图1-15　图坦卡蒙的法老王座

●图1-16　希腊克里斯姆斯靠椅

●图1-17　三脚的凳子

② 古希腊家具　古希腊家具实现了功能与形式的统一，在自然形态的基础上达到对几何形态抽象与概括的目的，表现出自由活泼的气氛，线条简洁、流畅，造型轻巧，构图合理，比例恰当，力学结构和受力状态良好，使用舒适方便，表现了古希腊人民自由、开放、纯朴的民族性格。把对形态与韵律、精密与清晰、和谐与秩序的理解融入家具的造型中，使每一件家具均具有宽阔开朗、愉快亲切的语义，与近、现代家具之美相似，直接催生了罗马艺术的繁荣，是欧洲古典家具的源头之一（图1-16）。

③ 古罗马家具　古罗马家具的基本造型和结构表明它是从古希腊家具直接发展而来的，但是它也有自己的一些独有的特点，其中最突出的应是青铜家具的大量涌现。古罗马人喜欢壮丽的场面，所以古罗马的建筑比古希腊的更加雄伟壮观，如巨大的角斗场和万神庙等。这种喜好也同时反映在家具的设计中，其中从庞贝遗址挖掘出来的铜质家具是最杰出的代表。从形式上来看，它们基本上没有脱离古希腊家具影响，尤其是三脚的鼎和凳还保持着明显的古希腊风格，但在装饰纹样上显出一种潜在的威严之感（图1-17）。古罗马家具的铸造工艺已经达到了使人惊叹的地步，许多家具的弯腿部分的背面都被铸成空心的，这不但减轻了家具的重量，而且家具的承重能力也较高。

④ 中世纪哥特式家具　中世纪的哥特式风格家具，多为当时的封建贵族及教会服务，其造型和装饰特征与当时的建筑一样，完全以基督教的政教思想为中心，旨在让人产生腾空向上与上帝同在的幻觉。造型语义上在于推崇神权的至高无上，期望令人产生惊奇和神秘的情感。同时，哥特式风格家具还呈现了庄严、威仪、雄伟、豪华、挺拔向上的气势，其火焰式和繁茂的枝叶雕刻装饰，是兴旺、繁荣和力量的象征，具有深刻的造型寓意性。哥特式家具是人类彻底地、自发地对结构美追求的

结果，它是一个完整、伟大而又原始的艺术体系，并为接踵
而来的文艺复兴时期家具奠定了坚实的基础（图1-18）。

13世纪后半期，以法国为中心的哥特式建筑风靡欧洲，
哥特式风格对家具设计也产生重大影响，"马丁王银座"座椅
便是典型例子（图1-19）。这个座椅的靠背强调垂直向上渐变
的线条，充分反映了当时中世纪教会思想的影响。

⑤ 文艺复兴时期家具　文艺复兴是历史上继仿罗马风格
之后第二次大规模的对古代希腊文化艺术的复兴运动。文艺
复兴时代一反中世纪刻板的设计风格，追求具有人情味的曲
线和优美的层次，并把眼光重新投向古代艺术，试图从古希
腊和古罗马的古典艺术中吸取营养。早期的文艺复兴时期家
具主要的技艺和结构还是沿袭图1-20中意大利文艺复兴时期
的靠椅式样，但却显示出更大的自由度，曲线被广泛应用。
家具的起伏层次更加明显，呈现出一种使人亲近的感情。艺
术风格在欧洲各国按地域的远近在时间上相互传承，各国在
吸收古代经典的文化艺术的精华时均结合了本民族的文化特
色而形成了地域性较强的、略带差异化的文艺复兴家具形式。
如意大利的严谨、华丽、结实、永恒；法国的精湛、华美；
英国的刚劲、严肃；西班牙的简洁、纯朴等。总之，文艺复
兴式家具在整体上装饰强调实用与美观相结合，强调以人为
本的功能主义，赋予家具更多的科学性、实用性和人文性，
具有华美、庄重、结实、永恒、雄伟的风格特征。

⑥ 巴洛克式家具　早期巴洛克式家具的最主要特征是用
扭曲的腿部来代替方木或旋木的腿。这种形式打破了历史上
家具的稳定感，使人产生家具各部分都处于运动之中的错觉。
这种带有夸张效果的运动感，很符合宫廷显贵们的喜好，因
此很快地成了风靡一时的潮流。后来的巴洛克式家具上出现
了宏大的涡形装饰，比扭曲的柱腿更为强烈，在运动中表现
出一种热情和奔放的激情。此外，巴洛克式家具强调家具本
身的整体性和流动性，追求大的和谐韵律效果，舒适性也较
强。但是，巴洛克式的浮华和非理性的特点一直受到非议

● 图1-18　中世纪的折叠椅

● 图1-19　马丁王银座

● 图1-20　意大利文艺复兴
时期的靠椅式样

●图1-21　巴洛克式风格的家具

（图1-21）。

巴洛克式家具加强了整体造型的和谐与韵律的统一，开创了家具设计的新途径。这种异军突起、独辟蹊径的形式开辟了家具装饰的新天地，具有很大的创新意义，极大地丰富了家具的设计内容。尽管其在装饰中存在有非理性、无节制等不合时宜的内容，但它对现代家具的产生与发展还是起到了极大的推动作用。

⑦　洛可可式家具　洛可可（Rococo）原意是指岩石和贝壳，特指盛行于18世纪法国路易十五时代的一种艺术风格，主要体现于建筑的室内装饰和家具等设计领域。其基本特征是具有纤细、轻巧的妇女体态的造型，华丽、繁琐的装饰，在构图上有意强调不对称。装饰的题材有自然主义的倾向，最喜欢用的是千变万化地舒卷着、纠缠着的草叶，此外还有蚌壳、蔷薇和棕榈。洛可可式风格的色彩十分娇艳，如嫩绿色、粉红色、猩红色等，线脚多用金色。

法国18世纪的洛可可式家具（图1-22）从发展根源上说，洛可可式风格是巴洛克式风格的延续，同时也是中国清式设计风格严重浸染的结果，所以在法国，洛可可又称为中国装饰。路易十五是法国历史上著名的昏君，沉溺于凡尔赛宫中奢靡的生活，一切都为宫中女宠所左右。因此，这个时代的家具式样都随宫中贵妇的爱好而转移。在洛可可式家具中，17世纪那种粗大扭曲的腿部不见了，代之以纤细弯曲的尖腿。洛可可式家具多用平面的贝壳镶嵌和沥粉镀金，这些手法完全是从中国学来的。这一时期家具的油漆成为重要的工艺手法，一种是中国式的黑漆上面有镀金纹样，另一种是纯白或浅色底上有镀金纹样，两者同样都显得华贵、高雅。

●图1-22　法国18世纪的洛可可式家具

⑧ 新古典主义时期家具　新古典主义时期的家具（图1-23）借鉴建筑的形制，以直线和矩形为造型基础，在腿部为上粗下细，并雕刻有直线凹槽，用于体现家具垂直向上的力度感。较多地采用了嵌木细工、镶嵌、漆饰等装饰手法。家具式样精练、简朴、雅致；做工讲究，装饰文雅；曲线少、直线多；旋涡表面少，平直表面多，显得更加轻盈优美。

综合来看，新古典主义家具可以说是欧洲古典家具中最为杰出的家具艺术，首先它的装饰和造型中的直线应用，为

●图1-23　新古典主义时期家具

工业化批量生产家具奠定了基础。另外，新古典主义家具还具有结构上的合理性和使用上的舒适性，而且还具有完美高雅而不做作、抒情而不轻佻的特点。新古典主义家具是历史上吸收、应用和发扬古典文化、古为今用的典范，也是目前世界范围内仿古家具市场中最受欢迎的一类古典家具形式。

（2）中国古典家具

中国家具文化和其他文化类型一样，经历了原始社会时期、战国时期、五代时期、宋元、明清等几千年的发展和积淀。特别是明清两代，家具文化在中国乃至世界家具发展史上都有着特殊的地位和艺术价值，可谓达到中国传统家具的顶峰。基于实用需要的漆木家具在这一时期出现了明显的分化趋势。一方面以宫廷家具为代表的高档型家具由明朝时期的造型素雅简洁，结构科学合理，到清朝时期的追求装饰华美和做工繁细，甚至发展为一味讲求雕磨工艺和富丽的装饰技巧，而在形体设计上却显得僵硬呆板、缺乏生气，成为与实用需要相脱离的纯工艺型陈设品和奢侈品。另一方面，以农民大众为基础的普通漆木家具则基本上保持着传统特色，注重简便、实用的造型和富有生活气息的民间装饰工艺，处处体现着民用家具的质朴、古拙，反映了劳动阶层的文化形态和审美情趣。

① 明式家具　明式家具（图1-24）是中国乃至世界家具艺术宝库中一颗璀璨的明珠，是中华民族传统文化的具体物化体现，可谓华夏子孙智慧的结晶。明式家具品种齐全、造型丰富，以其简朴、简洁的特征把中国家具艺术风格推向成熟期。造型简练、以线为主、结构严谨、做工精细、装饰适度、繁简相宜、材质坚硬、纹理优美的设计文化内涵，在中国古典家具史上留下浓垂一笔。

●图1-24 明式家具

② 清式家具 清式家具（图1-25）主体上是对明式家具的继承，并力求发展，也是对明式家具经典的某种"反叛"。清式家具主要具有造型凝重、形式多样、装饰丰富、选材考究等特点，同时具有工艺精湛、地域特色鲜明、融会中西方艺术等特点。它继承和发扬了明式家具的结构特征，并在造型、品种、式样、装饰方面有不少创新，生产技术及工艺也有进步，装饰题材多有创意，但其在装饰上的"多"和"满"及千方百计造成一种奢华效果的视觉和语义方面，相对明式家具来说是一种倒退。明清家具主体相似、表面差异的原因与各自所处时代的政治、经济、文化等社会因素有很大关联。

●图1-25 清式家具

（3）现代家具

同现代设计一样，现代工业文明催生现代家具，现代家具也可谓现代工业文明的直观体现，是生产力等物质文明的体现，也是意识形态等精神文明的体现。简单讲，就是实用、美观、经济，便于工业化生产，材料多样化，零部件通用化和标准化以及采用最新的科学技术进行生产的家具，并且是以全部人群为服务对象的，体现着理性与平等。现代家具的主要特点是对功能的高度重视，且具有简洁的外形、合理的结构、多样的材料及淡雅的装饰或基本上不采用任何装饰。现代风格家具的形成与发展可分为反传统运动时期、功能主义萌发时期、功能主义发展与成熟时期三个阶段。

案例

HAY 家具

H&M旗下高端品牌COS和丹麦家具品牌HAY是一对跨行业的好友，前者的店铺里经常选用HAY的产品，多年来也是合作紧密。从2015年9月起，COS的部分指定店铺内开卖HAY的家具，为了庆祝此番升级合作，他们还邀请Tomás Alonso专门设计了两款折叠桌（图1-26）。

两款桌子一个相对矮胖，一个相对瘦高，圆盘桌面和三条支撑腿组成了整体结构。桌面和其中两条桌腿由干净淡雅的原色木打造，另一条桌腿则是蓝绿色或白色的钢管，它同时起到串起各个部分的作用。桌子的折叠方式也非常简单，将桌面取下，以钢管为轴，合并两根木质桌腿即可。

● 图1-26　HAY家具折叠桌

由COS男、女装两位设计总监共同精选的这组家具生活用品系列，涵盖了杯子、瓶子、收纳盒、桌椅以及沙发、抱枕等，相当齐备。其中当然也少不了HAY的明星产品，如About和the FDB系列的椅子、Copenhague系列长桌等（图1-27）。

●图1-27　About和the FDB系列的椅子及Copenhague系列长桌

（4）后现代家具

后现代家具（图1-28）是对现代家具的延续，更是对现代家具的反叛，是物质文明繁荣下的怪诞产物。主要特点是：一反现代家具注重功能、形态简洁化和反装饰倾向，设计理念上轻视功能、重装饰，加上造型语义的"符号化"和形态构成上的游戏心态。简言之，后现代家具是指造型不拘一格、色彩艳丽、技术暴露的家具类型。后现代家具是以大众化艺术为基础的，是个体个性化的宣泄，具有明显的主观化内容，是人类进入"后工业社会"、信息社会的结果。

●图1-28　后现代家具　　　　　　●图1-29　明式缅甸花梨框式大方角柜

综上所述，某一家具的准确类别命名应该是科学的、综合性的，其命名信息应该包括

"风格、材料、空间、结构、功能等分类方法的综合",如图1-29所示的准确命名为"明式缅甸花梨框式大方角柜",其中:明式对应风格,缅甸花梨对应材料,框式对应结构,大方角柜对应空间和功能。如果我们描述某件家具为"现代板式中密度纤维板水曲柳薄木贴面餐具柜",则其包含的分类信息有:"风格——现代、结构——板式、材料——中密度纤维板水曲柳薄木贴面、空间——民用餐厅、功能——收纳餐具",若仅描述为"现代餐具柜""板式餐具柜""餐具柜"或"中密度纤维板餐具柜"都是不全面的。

1.2.4 按环境分类

人们在各种活动中,形成了多种典型的对建筑空间功能类型化的要求,家具就为满足人类活动过程中所处某一建筑空间的此类功能需要而被设计、使用。以此我们可以根据不同的建筑环境和使用需求对家具进行分类,将其分为住宅建筑家具、公共建筑家具和户外家具3大类。

(1)住宅建筑家具

住宅建筑家具也就是指民用家具(图1-30),是人类日常基本生活中离不开的家具,也是类型多、品种复杂、式样丰富的基本家具类型。按照现代住宅建筑的不同空间划分,可分为客厅与起居室、门厅与玄关、书房与工作室、儿童房与卧室、厨房与餐厅、卫生间与浴室家具等。

● 图1-30　客厅家具

(2)公共建筑家具

相对于住宅建筑,公共建筑是一个系统的建筑空间与环境空间,公共建筑的家具设计多根据建筑的功能和社会活动的内容而定,具有专业性强、类型较少、数量较大的特点。公共建筑家具在类型上主要有办公家具、酒店家具(图1-31)、商业展示家具、学校家具等。

●图1-31　酒店家具

（3）户外家具

随着当代人们环境意识的觉醒和强化，环境艺术、城市景观设计日益被人们重视，建筑设计师、室内设计师、家具设计师、产品设计师和美术家正在把精力从室内转向室外，转向城市公共环境空间，从而创造出一个更适宜人类生活的公共环境空间。于是，在城市广场、公园、人行道、林荫路上，将设计和配备越来越多的供人们休闲的室外家具。同时，护栏、花架、垃圾桶、候车厅、指示牌、电话亭等室外建筑与家具设施也越来越多受到城市管理部门和设计界的重视，成为城市环境景观艺术的重要组成部分。我们大致可以将户外家具分为庭院家具和街道家具两类。

案例

Wandermöbel 公共座椅

德国工业设计师Tobias Lugmeier发现公共座椅无论考虑得多么周全，永远不可能满足所有人的需要，适合所有环境。怎么设计、放置在哪里、和谁坐在一起、为什么如此设计，等等这些因素都会或多或少影响到坐者的体验。基于这些考虑，Tobias Lugmeier对传统公共设施做了重新的思考。

如图1-32所示，这款名为Wandermöbel的座椅是Tobias Lugmeier想到的一种公共座椅的根本解决方案。它由旋转模压塑料或聚氨酯泡沫制成，外形小巧，便于短途携带，又不至于过小而在错综复杂的城市中丢失。它可以和其他配件相搭配，也能适应社会的需求，轻量、坚固，有点像小玩具。

●图1-32　Wandermöbel公共座椅

它适用于公园、广场或人潮汹涌的步行区，表面的小孔可以及时将雨水排掉，把手设计更便于手拎携带，有多种颜色可以选择。你所到之处的风景将不再由公共座椅决定，而是你自己去创造。

1.3 家具设计的内容

家具设计既要满足人在空间中的使用要求，又要满足人的审美需求，即满足家具的双重功能——使用功能和审美功能。家具审美功能产生的途径主要有以下两种。

第一，通过生成过程、生产材料、生产技术及最终产品产生视觉之美，主要通过形态加以体现，即造型之美。

第二，是与技术相关联的功能之美，是技术与艺术相结合形成的美感，即技术之美。家具设计在内容上主要包括艺术设计和技术设计以及与之相适应的经济评估方面的内容。家具的艺术设计就是针对家具的形态、色彩、尺度、肌理等要素对家具的形象进行设计，即通常所说的家具造型设计。在设计时，需要设计师具有一定的艺术感性思维，以艺术化的造型语言来反映某种思想和理念，通过消费者的使用和审美对其产生精神上的作用。

家具技术设计就是对家具中所包括的各种技术要素（如材料、结构、工艺等）进行设计，设计的主要内容包括如何选用材料和确定合理的结构，如何保证家具的强度和耐久性，如何使其功能得到最大限度地满足使用者需求等，整个设计过程是以"结构与尺寸的合理与否"为设计原则。通过实践证明，家具的技术设计与艺术设计并不是独立的过程，两者在内容上相互包含（表1-2）。

表1-2 家具设计的内容

家具艺术设计内容	造型	形态、体量、虚实、比例、尺度等
	色彩	整体色彩、局部色彩等
	肌理	质感、纹理、光泽、触感、舒适感、亲近感、冷暖感、柔软感等
	装饰	装饰形式、装饰方法、装饰部位、装饰材料等
	功能	基本功能、辅助功能、舒适性、安全性等
家具技术设计内容	尺寸	总体尺寸、局部尺寸、零部件尺寸、装配尺寸等
	材料	种类、规格、含水率要求、耐久性、物理化学性能、加工工艺性、装饰性等
	结构	主体结构、部件结构、连接结构等

02

世界现代家具
设计简史及
代表性作品

2.1　1900—1910年

　　早在20世纪初，那些具有极大感染力的设计先驱们就对家具的设计产生了巨大的影响，他们不断探索将新的形态和理念运用于新设计之中的方法，并力图使大众更容易接受。他们不仅改变了人们对周围世界的审美习惯，而且为人们带来了对生活时尚的新理解。包括迈克·索奈特（Michael Thonet，1796—1871年）等人在内的现代家具设计先驱们改变了设计的历史，成为新设计时代的开创者，并被一代一代的后来者所追随。

　　1851年的伦敦世界博览会后，艺术与工业融合的趋势渐渐形成，大多数人已经开始采用机器生产的产品。然而，机械化产品的普及过程并不是一帆风顺的，工艺美术运动及部分新艺术运动中的家具设计师们主观上看到生产大众家具的重要性，客观上却逃避生产大众家具的最佳途径——机械化生产，认为这样的生产方式只会使家具丑陋无比。英国的威廉·莫里斯（William Morris，1830—1896年）等人都持有这样的观点。而美国的弗兰克·劳埃德·赖特（Frank Lloyd Wright，1867—1959年）、苏格兰的查尔斯·伦尼·麦金托什（Charles Rennie Mackintosh，1868—1928年）、奥地利的奥托·瓦格纳（Otto Wagner，1841—1918年）和约瑟夫·霍夫曼（Josef Hoffmann，1870—1956年）、比利时的亨利·凡·德·维尔德（Henry Van de Velde，1863—1957年）、德国的彼得·贝伦斯（Peter Behrens，1868—1940年）等众多设计师看到了机械化大生产的优势，并尝试将之与优秀的设计相结合，使人们意识到机械化大生产并不是家具粗糙和丑陋的根本原因，反而是生产出物美价廉的家具的最有效的方式。这些设计师带着他们充满探索性的家具设计作品成为了现代主义家具设计的"引子"。

　　20世纪初，工艺美术运动接近尾声之际，一场更加彻底的改革在德国发生了。这时的德国已经成为世界上工业发展最快的国家，赫曼·穆特休斯（Hermann Muthesius，1861—1927年）、彼得·贝伦斯、理查德·利莫切米德（Richard Riemerschmid，1868—1957年）等人更加坚定地认识到机械化大生产是设计改革取得成功的"金钥匙"。他们主张利用工业化生产方式生产出简洁实用、价格合理的大众家具。在他们的共同努力下建立起来的"德意志制造联盟"最终成为设计领域最具影响力和号召力的团体之一（图2-1～图2-3）。

●图2-1　贝伦斯1902年设计的Wertheim餐椅

●图2-2　麦金托什（Mackintosh）
　　1903年设计的扶手椅

●图2-3　雷曼施米特1904—
　　1906年设计的扶手椅

2.2　1911—1920年

随着社会的进一步发展，越来越多的设计师意识到：艺术、技术只有与工业生产相结合，才能实现为普罗大众服务的梦想。这种思想在奥地利、瑞士、瑞典等欧洲国家得到了迅速扩展。而1915年在英国伦敦举办的名为"德国、奥地利——设计的楷模"的展览更是直接促使了工业设计协会的成立。该协会通过设计师、制造商、手工艺人及零售商的网络不断宣传机械化生产方式的优越性。

遗憾的是，1914—1918年间的第一次世界大战使设计师们的探索和努力几乎处于停滞状态，但第一次世界大战期间的荷兰作为中立国逃脱了战争的蹂躏，为前来避难的其他国家的艺术家、设计师们提供了一个庇护所。1917年，皮耶·蒙德里安（PietMondrian，1872—1944年）、特奥·凡·杜斯伯格（Theo van Doesburg，1883—1931年）、格里特·托马斯·里特维尔德（Gerrit Thomas Rietveld，1888—1964年）等一些荷兰人组成了风格派。他们认为机械化大生产是生产大众家具的最佳途径，而几何形的组合则是适合机械化大生产的最佳形式。在这些年轻人中，里特维

●图2-4　里特维尔德设计的红蓝椅

尔德对风格派家具设计的贡献最大。在现代主义设计运动中，他创造了很多具有革命性意义的家具形式。其中，红蓝椅（图2-4）成为现代主义设计在形式探索方面划时代的作品，对现代主义设计运动产生了深刻的影响。不知是必然还是偶然，风格派所强调的"以数学标准创造视觉平衡"的理念正好适应了当时的机械化大生产方式。

2.3　1921—1930年

　　虽然第一次世界大战带给世界的摧毁性打击是巨大的，但它也使人们相信：机械化大生产是战后重建的唯一有效方式。1919年，瓦尔特·格罗皮乌斯（Walter Grepius，1883—1969年）接受魏玛大公的任命，接管了魏玛艺术学院和魏玛艺术与工艺学校，并将两校合并，成立了国立包豪斯学院。该学院在教学上实行前所未有的新制度，学生在校学习时间三年半，前半年攻读基础课程，包括基础造型课、材料研究课及工厂原理和实习，然后根据学生的特长，分别进入后三年的学徒制教育。学校内设置工作场，既是课室又是实习车间，包括编织工作场、陶瓷工作场、金属工作场及木工工作场。值得一提的是，荷兰家具设计大师里特维尔德在木工工作场执教期间，教育学生用严谨的几何结构思考问题，并应用于家具及室内陈设品的设计之中。在他培养的第一代正规家具设计学员中，影响最大的要属马歇尔·布劳耶（Marcel Breuer，1902—1981年）。布劳耶出生于匈牙利，18岁进入刚成立的包豪斯，留校任教后的第一件成功的设计作品便是瓦西里椅。这件作品对设计界的影响是划时代的。

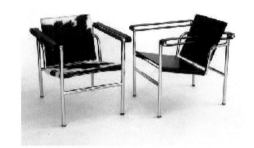

　　尽管包豪斯的第三任校长密斯·凡·德罗（Ludwig Mies van der Rohe，1886—1969年）基本上被看作是一位建筑大师，但其充满创新性的家具设计，包括先生椅、巴塞罗那椅、布尔诺椅等优秀作品，至今仍然影响着我们的生活。

　　与包豪斯系统的家具设计大师一样，出生于瑞士的勒·柯布西耶（Le Corbusier，

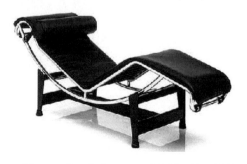

●图2-5　勒·柯布西耶设计的扶手椅和躺椅

1887—1965年）也坚定地排斥传统的、与现实生产工艺不相符的设计风格，认为机械化生产方式是诞生具有创新性设计的最佳平台，他设计的家具作品，包括长躺椅、超级舒适沙发等，体现了现代、合理及实用性的完美统一（图2-5）。

当德国领导的现代主义设计运动进行得如火如荼之际，法国人却领导了另外一场设计运动——装饰艺术运动，虽然这场运动中的设计师们也认为机械化生产方式是不可逃避的，然而他们主张在机械化生产方式的前提下使用贵重的材料，最具代表性的人物就是艾琳·格瑞。从外形上看，我们几乎不能将她设计的作品从现代主义家具设计作品中分辨出来，然而，核心的差异就是它们大都使用了贵重的材料（图2-6）。

●图2-6　艾琳·格瑞设计的家具

20世纪20～30年代，欧洲先锋设计师的前卫思想与创作实践很少影响到老百姓的日常生活，然而，这一切都因为发生在美国的流线型风格设计而改变了。1929年的经济危机对美国的打击程度如此严重，工厂倒闭，工人失业，在残酷的市场竞争的背景下，生产商及设计师不得不为降低成本并提升产品的吸引力而努力，他们将欧洲严谨的、几何的、直线形的设计风格与现实的条件相结合，努力开发出既能适应机械化生产方式，又具有吸引力的产品，流线型风格的产品设计就是最终的结果（包括流线型家具），根·韦伯（Kem Weber，1889—1963年）设计的家具是这种风格的典型代表（图2-7、图2-8）。

●图2-7　沙里宁1929
年设计的餐椅

●图2-8　巴塞罗那椅

2.4　1931—1940年

与欧洲功能主义设计美学和美国大众商业设计美学不同，此时的北欧家具设计师在"为大众设计"这个共同的目标下，努力使设计更加人性化。北欧四国处于北极圈附近，拥有漫长的冬夜，家成为人们日常生活、交流和聚会的主要场所，北欧人更加重视家具设计的人情味。另外，由于特殊的自然条件——森林覆盖面积很大、木材资源丰富，北欧的家具设计师们也更钟爱运用天然材料。其中，凯尔·克林特（Kaare Klint，1888—1954年）是丹麦现代家具设计的开山鼻祖，他善于将现代生产技术与传统精华相结合。他建立的哥本哈根皇家艺术学院家具设计系培养出众多家具设计大师，如穆根斯·库奇（Mogens Koch，1898—1992年）、布吉·莫根森（Borge Mogensen，1914—1972年）、汉斯·韦格纳（Hans Wegner，1914—2007年）等。丹麦设计学派由此得以形成并迅速发展。

●图2-9　阿尔托设计的帕米奥椅

与克林特同时开始家具设计活动的芬兰设计大师阿尔瓦·阿尔托（Alvar Aalto，1898—1976年）在家具设计上的突出贡献是对弯曲木家具形式的研发。他对弯曲木材时所需的胶进行了一定改进，成功地使木材能像钢材一样弯曲并被做成家具。阿尔托利用这种技术于1930—1931年间，为帕米奥疗养院设计了使用方便、造型优美、具有人情味的帕米奥椅（图2-9～图2-11）。

●图2-10　阿尔托设计的三腿椅　　　　　●图2-11　阿尔托设计的帆布条与木构成的悬挑椅

2.5　1941—1950年

20世纪40年代前后的第二次世界大战，使30年代起步发展的消费工业陷入停滞状态。大多数国家都被卷入这场无情的战争，将焦点集中于为战争提供必要的资源，生产商也都改变生产方向，工业部门几乎成为了为战争服务的机器。政府在消费品领域实行严格控制。在英国，多种材料被限制使用，如木材、尼龙、钢材、铝等。1941年，英国贸易委员会引入了"实用家具"项目，严格限制家具生产商按照20个标准样式进行生产，使每件产品都结实、耐用。1942年，实用家具咨询委员会建立，它的主要目的就是监督家具企业的发展规划，使企业生产的产品具有简单的结构、普通的外形及功能性。第二次世界大战后的50年代中后期，虽然材料的使用仍然受到限制，但在美国和欧洲举办了一系列旨在促进战后日常用品销售的展览，如1946年在米兰举办的想象力前卫的低价家具展、在伦敦举办的"英国能够制造它"展览，1948年在纽约现代艺术博物馆举办的"低造价家具设计竞赛"等。总之，整个世界对设计的态度呈现出一派乐观的景象。这段时期，设计发展最快的要属美国。一方面，由于远离欧洲战场，第二次世界大战对美国的影响很小，又从军火生意中获得了巨额利润，国家实力显著增强。另一方面，欧洲包豪斯系统中的一大批设计师为了逃离战争而来到美国后，在设计领域发挥了自己的作用。在他们的努力下，美国设计实力显著增强，超越了战败后的德国，家具设计也不例外，出现了伊莫斯夫妇（Charles and Ray Eames）、埃罗·沙里宁、乔治·尼尔森（George Nelson，1907—1986年）、哈利·博托埃（Harry Bertoia，1915—1978年）等家具设计大师。他们吸收各地设计师的思想精华，利用美国蓬勃发展的新材料、新技术，创造出方便使用又美观时尚的家具。随着战后经济的复兴，美国及欧洲很多国家都进入了消费时代，现代主义冷漠、呆板、几何化的形式也逐渐改善，更多的新形式在新材料、新技术的基础上得以产生。

例如查尔斯·伊莫斯与埃罗·沙里宁于1940—1941年合作设计的胶合板椅，这件作品使用橡胶连接件，有效地连接起

●图2-12　1946年埃罗·沙里宁设计的子宫椅

胶合板构件与铁构件，获得了纽约现代艺术博物馆家具设计竞赛的金奖。这项创新日后成为世界各国设计师普遍采用的设计方式，而产品的整体造型则开辟了"三维家具"的新道路（图2-12～图2-15）。

●图2-13　查尔斯·伊莫斯与埃罗·沙里宁
设计的胶合板椅

●图2-14　伊莫斯夫妇1945年
设计的LCW椅

●图2-15　汉斯·瓦格纳（Hans Wegner，1914—2007年）1947年设计孔雀椅

2.6　1951—1960年

　　第二次世界大战后的重建工作一直持续到20世纪60年代初，欧洲的家居设计师们羡慕在美国所发生的一切，那里诞生了那么多有魅力的新产品。英国政府也意识到促进设计发展的迫切性，建立了旨在提升产品设计水准的英国工业设计协会。1951年，协会策划主办了自1851年大英世界博览会以来在英国举办的最大展览——"英国的节日"，展出了包括家具在内的近千件创新产品。其他国家也纷纷建立了自己的设计协会，比如1949年成立的荷兰设计协会，1951年成立的西德设计协会、1953年成立的日本设计协会等。"好设计"的标准在这段时间被这些设计组织广泛地在生产商中进行宣传，"合理的设计""简化的制造工序""审美与功能的细致考虑"等因素成为检验设计是否优秀的核心标准。

　　1950年，纽约现代艺术博物馆举办了名为"好设计"的展览，并因此搜集了许多符合该设计标准的优秀设计作品。1956年，英国工业设计协会在伦敦设立设计中心，展示那些符合"好设计"标准的典型产品。1954年，意大利工业设计协会设立"金圆规"奖，目的也是促进"好设计"的发展。20世纪60年代中期，一批起步于20世纪20年代、强调功能主义的设计师们已经取得了广泛的社会认同。与此同时，社会又在悄悄地发生着变化。美国的伊莫斯夫妇、埃罗·沙里宁、乔治·尼尔森、哈利·博托埃，丹麦的阿诺·雅克比松（Arne Jacobsen，1902—1971年）等都开始反对前辈们一味强调的几何形式，主张采用更具幽默感、人情味、有机化的设计语言。这段时期活跃在国际家具设计舞台上的设计师主要还有奥斯瓦尔多·博萨尼（Osvaldo Borsani，1911—1985年）、汉斯·科劳（Hans Coray，1906—1991年）、芬·尤尔、保罗·基尔霍莫（Poul Kjaerholm，1929—1980年）、布鲁诺·马松、卡罗·莫里诺、野口勇、厄尼斯特·雷斯等（图2-16）。

20世纪60年代中后期，西方各国进入了"丰裕社会"阶段，在大众消费群中逐渐孕育出新的消费群——战后青年。他们反叛传统，希望包括家具设计在内的设计能够代表他们的消费观念及处世立场。对他们来说，生活就是"嬉皮"和"酷"。他们不再需要耐用的设计，而是时髦的设计。与此相适应的是，在产业界中出现了各种体积小、重量轻、高效能、高精度的专用设备，为家具用材和加工开辟了新的途径，从而使造型奇特的家具也能被大批量生产出来。此时，英国家具设计领域出现的"Pop风"（波普风）彻底打破了传统思想的限制，颠覆了现代主义、国际主义风格的设计标准，并通过家具零售店Habitat得到推广传播。该家具店专门销售价格低、色彩鲜艳、设计特别的家具与家庭用品，由于Pop风格鲜明，符合玩世不恭的青少年心理特点，非常受战后青年的喜爱。除Habitat外，英国还有一些设计师通过个人的努力宣传Pop设计的思想，如彼得·默多克（Peter Murdoch），他设计的以圆点为表面装饰图案的纸椅具有"廉价"和"表现形式强烈"的双重Pop特征（图2-17）。

●图2-16　英国家具设计"教父"罗宾·戴1951年设计的皇家节日音乐厅扶手椅

阿诺·雅各布森（Arne Jacobsen，1902—1971年）的蛋椅（Egg Chair）是为了哥本哈根皇家酒店的大厅以及接待区而设计的，因为当时的机器还不成熟，所有东西都需要经过手工处理，当时Arne Jacobsen在家的车库中设计出蛋椅。蛋椅采用玻璃钢内坯，外层是羊毛绒布或者意大利真皮，座垫和靠背大小符合人体结构，内有定型海绵，增加弹性，而且耐坐不变形。

●图2-17　圆斑椅

整个椅子的布或皮下面都垫有弹性海绵，不仅外观圆滑且更富有弹性，让坐感更加舒适。铝合金脚和不锈钢脚，都要达到镜面效果，光亮照人，鸡蛋椅可以360°旋转，加上精心设计的椅腿与扶手，两边对称相应，配上脚踏，更具人性化（图2-18）。

● 图2-18 阿诺·雅各布森设计的蛋椅

设计大师乔治·尼尔森（George Nelson）于1956年设计的一种创意性家具 Nelson Marshmallow Sofa（图2-19），源自童年对 Marshmallow 糖果的美好回忆，主要功能是体现家具的陈设功能，烘托空间气氛。

吉奥·庞蒂（Gio Ponti，1891—1979年），这位生于米兰的设计大师被人们认为是意大利现代主义设计之父，他游走于建筑与设计之间，在这两个领域都留下了丰厚的遗产。他同时还是一位著名的出版家，于1928年创办了享誉世界的设计专业期刊《Domus》，担任其主编直至逝世。如果说吉奥·庞蒂最著名的建筑是米兰的皮雷里大厦（Pirelli Tower，1955—1959年）——这座高达127m的玻璃幕墙建筑，其简洁优雅的外形集中体现了现代主义的建筑原则，那么，他最有代表性的产品设计则是至今仍在生产和使用的"超轻椅"（Superleggera，始于1955年），如图2-20所示。

● 图2-19 Nelson Marshmallow Sofa（向日葵沙发）

● 图2-20 吉奥·庞蒂 1955—1957年设计的超轻椅

如同其名字所暗示的那样，该椅子的最大特色是轻，总质量还不到1.7kg。生产商 Cassina公司在当时的广告大战中宣称，"把它从窗口扔到大街上，不仅毫发无损，而且还能反弹回来"。

这个系列的椅子的确很轻，一个男孩用一根手指头就能把它提起来，但它们却很结实。据说，米兰理工大学的中央图书馆一直使用这种座椅。用今天的眼光来看，它也符合"可持续设计"的理念，椅架用结实而富于弹性的白蜡木制造，竹藤或填充椅面在磨损后可随时更换，所以一把椅子可以使用很长时间。

Cone Chair（图2-21）是Verner Panton（维纳·潘顿）于1958年创作的经典作品。基于几何图形之上的锥形座椅像个冰激凌筒，锥形结构被安装在一个不锈钢旋转底盘之上，半圆形的外壳拥有足以支撑背部和手臂的高度。当Cone Chair出现在一家丹麦餐厅后，获得了全球媒体的关注。

●图2-21　Cone Chair

2.7　1961—1970年

继英国之后，打破传统"好设计"标准的设计理念在全球迅速传播，设计师意识到人们的生活应该更加丰富多彩，作为人们生活的一部分的家具产品也应该更加丰富多彩。与此同时，生产工艺与材料科技也得到迅速发展，为设计师的创新提供了更大的可能性。包括维尔纳·潘顿、皮埃尔·波林、奥利维尔·穆尔格（Olivier Mourgue）在内的一些设计师主张采用更亲切、更灵活多变的家具形式，他们认为消费者应该得到更广泛、更深层的产品选择权

●图2-22 充气椅

利。而另外一部分设计师，最典型的要属加埃塔诺·佩谢（Gaetano Pesce）则彻底改变了"家具设计需要结构支撑"的传统观念，研发出无需支撑结构、由高密度泡沫橡胶块外加纺织材料覆盖的新型家具产品。时髦、灵活、廉价等形容词是对这些产品的最佳描述。当然，最令人难忘的还是塑料家具的开发利用。塑料的特性使它在设计上几乎无所不能，意大利的乔·科伦波（Joe Colombo，1930—1971年）、芬兰的埃罗·阿尼奥（EeroAarnio）、英国的罗宾·戴及丹麦的维尔纳·潘顿等设计师热衷于探索注射模压聚丙烯和增强模压多元纤维酯等新型塑料的受力限度及成型方式，并设计出一系列广受欢迎的家具作品。值得一提的是，设计师们不但力图从视觉上改变人们对家具的固有观念，更从触觉上下功夫。

充气椅（图2-22）可以说是对具有持久、昂贵等特点的传统工艺提出的一个挑战。它的设计者DDL工作室由多纳托·乌尔比诺（Donato D'Urbino）、乔纳森·德·帕斯（Jonathan De Pas，1932—1991年）和帕奥罗·罗马兹（Paolo Lomazzi）合作成立。无论摆在室内或室外，这件用便宜的PVC塑料做成的充气椅都显得那么有趣。这把椅子并非生活必需品，设计者也没想过要把它做得多么牢固，甚至还附送了配套的修补工具来处理跑气的问题。

另外，皮耶罗·加蒂（Piero Gatti）、切萨里·保利尼（Cesare Paolini，1937—1983年）、弗朗科·泰奥多罗（Franco Teodoro，1939—2005年）组合设计的Sacco豆袋椅（图2-23）也是典型的例子。这个软塌塌的家伙是用黑色皮革或织物的袋子装上无数聚苯乙烯颗粒制成的。豆袋椅几乎放弃了传统椅子的所有部位——座位、靠背、扶手、椅腿，而是可以按照使用者的体型和姿势来随意塑造自身的形态，摆在家里甚至还可以当成一件装饰雕塑。

罗宾·戴（Robin Day）最著名的设计作品是1962年的聚丙烯塑胶椅（图2-24），至今已卖出超过五千万张。

为了便于运输，Up系列座椅都可以被压缩为整个体积的十分之一，一旦把真空包装的封口打开，它就会在你的眼皮底下膨胀成一个很大很舒服的单人沙发。意大利先锋派建筑师基塔诺·佩瑟（Gaetano Pesce）为意大利B&B公司设计了共计7个型号的Up系列家具，Up5椅子是其中最著名的一款（图2-25）。他将这种突破了传统制造技术与组装方式的作品称为"变形家具"。

●图2-23　豆袋椅　　　●图2-24　聚丙烯塑胶椅　　　●图2-25　意大利先锋派建筑师
基塔诺·佩瑟设计的Up5椅子

2.8　1971—1980年

　　20世纪六七十年代诞生的对产品的乐观主义情绪对许多欧洲国家的制造业产生了积极的影响。然而，80年代初，在意大利又诞生了一些激进的设计团体，如Superstudio、Archizoom协会等。这些团体中的成员开始质疑资本主义的价值观，认为他们生产的大量产品是为了谋取巨额的利润。设计师们试图使流行文化向庸俗劣质的层面发展，以此达到讥讽和嘲笑的目的。另外，1973—1979年的石油危机和接连不断的经济危机直接促使乐观主义的情绪转化为现实主义情绪。

　　20世纪六七十年代的波普设计运动（Pop Design）所宣扬的廉价的、一次性的设计价值观开始受到质疑。一度改变了家具世界面貌的塑料转瞬间被认为是浪费能源的代名词，家具消费的热潮也慢慢退却，生产商遭受了巨大的投资失败，为了生存，他们开始收缩生产。节俭、紧张的社会气氛使许多国家的设计师不知所措，他们开始回顾过去。英国设计界为了追溯并复兴工艺美术运动的设计风格，于1972年成立了手工艺委员会。次年，该协会在维多利亚和阿尔伯特博物馆（Victoria and Albert Museum）举办了工艺美术运动设计回顾展，直接支持了手工制品的发展。

　　与此同时，一场新的反现实的、植根于20世纪60年代的波普设计运动的青年运动开始了，它被人们称为Punk（朋克）。成员们通过音乐、艺术、服装、家具等门类展示他们的反叛立场。这场运动迅速席卷至整个欧洲，随之而来的激进设计再一次在意大利出现。1976年在米兰成立的阿基米亚设计工作室（Alchymia）就是激进设计的代名词，它的成员包括亚历

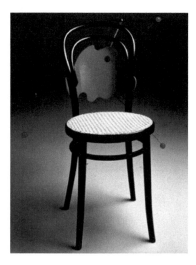

● 图2-26　亚历山德罗·门迪尼设计的"康定斯基"椅

山德罗·门迪尼（Alessandro Mendini）、米歇尔·德·卢基（Michele De Lucchi）、安德烈亚·布兰茨（Andrea Branzi）、埃托·索特萨斯（Ettore Sottsass，1917—2007年）等。他们习惯在经典的产品上加上具有讽刺意味的表面装饰，其中具有代表性的是亚历山德罗·门迪尼设计的一件名为"康定斯基"的作品（图2-26），以玩世不恭的姿态出现，向"好设计"的标准提出挑战。

随后，埃托·索特萨斯离开阿基米亚设计工作室，创建了自己的激进设计团体孟菲斯（Memphis），主要成员包括埃托·索特萨斯、米歇尔·德·卢基、安德烈亚·布兰茨、汉斯·霍莱茵（Hans Hollein）、仓俣史郎（Shiro Kuramata，1934—1991年）。它与前面那些激进设计团体最大的不同就是其商业性非常明显，直接瞄准国际市场。孟菲斯团体成立后的首次作品联展定名为"孟菲斯：一种新的国际风格"，直接反映了他们的创作宗旨是从"好设计"的标准中脱离出来，创造一种新的风格。他们主张使用大胆的颜色、非常规的造型、装饰味浓厚的表面材料，以增加作品的生命力、幽默感及人情味。与孟菲斯的主张不同，一些被称为经典后现代主义的设计师们，如罗伯特·文图里（Robert Venturi），将所有的传统形式、历史风格都搜寻出来，将其表现在新的设计中。而另一些高科技风格派的设计师们，如马里奥·博塔（Mario Botta）等，则强调工业化设计的高品质特征，强调高品位，其作品体现出考究的现代材料、精确的技术结构和精致的制作工艺的完美统一（图2-27）。

● 图2-27　罗宾·戴1972年为Hille设计的Polo椅

图2-28的这款JOE扶手椅是意大利设计师德帕斯1971年设计的。在尺度和功能上，JOE扶手椅也很容易让大众接受。宽大的座面可以容纳两个人，柔软的填充泡沫和皮革的表面又带来了舒适的使用感受。同时手的形状本身具有迎接和保护的含义，因此蜷缩在这样一个巨大的"手掌"里，安全和温暖的愉悦情感也会悄然而生。

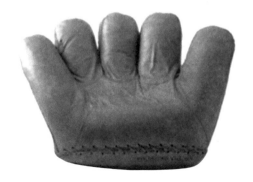

●图2-28　JOE扶手椅

2.9　1981—1990年

20世纪90年代中期，一批青年设计先锋，包括朗·阿拉德（Ron Arad）、汤姆·迪克森（Tom Dixon）、弗兰克，盖里、马克·纽森（Marc Newson）、卡里姆·拉希德（Karim Rashid）等人开始实验一套创作新模式：不受客户限制，没有商业压力，自行设计并制作。他们设计生产了一系列试验性的、表情丰富的、实用而又具有艺术感的家具。这段时期，在设计舞台上还出现了一位设计新秀——菲利普·斯塔克（Ph. lippe Starck），其充满艺术感、风格化、标志化的家具作品的创意源泉往往来自自然世界的生物或某种特定的艺术风格。

●图2-29　菲利普·斯塔克设计
W.W.Stool椅子

如图2-29所示，这把看起来像外星生物的座椅，是菲利普·斯塔克一款经典之作，名为W.W.Stool，原本是一把虚拟的椅子，于1990年转为德国电影导演Wim Wenders的未来办公室虚拟设计的道具，1994年德国著名的设计博物馆Vitra生产并收藏了这把椅子。

W.W.Stool椅子用拟人的设计元素表现了植物向上生长的形态。在制作工艺上采用了铝合金喷砂处理，并涂以浅蓝绿色的涂装，充满科技感的质地与有机的线条相结合，使这把椅子看起来像是一种诡秘的生命体在优雅地舞蹈。

如图2-30所示，这件作品是丹麦设计师南纳1990年设计的，其座面与靠背是放射状的，红黑相间的构图，椅腿是弯曲变形的，而且似乎是在有意模仿动物的腿脚，十分生动。这件作品使观赏者感受到一种强烈的生命的律动，它似乎不是一件供人休息的椅子，而是一只要展翅飞舞的蝴蝶。

意大利设计家艾托尔·索特萨斯（Ettore Sottsass）在1981年设计的"卡尔顿书架"（图2-31）是个比较复杂的作品。表面看来戏谑、调侃，但是如果多了解一下，他这个人不那么简单。后现代主义与其说是一种风格，更应该说是一种对现代主义的反对思潮。

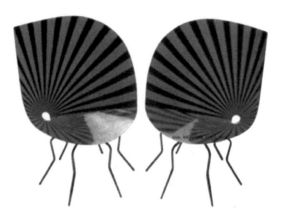

●图2-30 蝴蝶椅

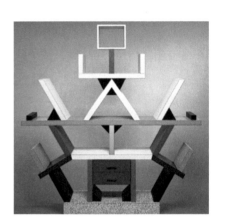

●图2-31 "卡尔顿书架"

2.10　1991—2000年

20世纪最后十年的家具设计界是和谐的，各国设计师都开始不约而同地追求个性化的设计语言，彼此之间再也没有喋喋不休的争论，再也没有谁是谁非的指责，大家都针对自己的粉丝进行设计。在这短短的十年间，个性化、环保、高科技、甜美、令人愉悦等要素融合在一起，构成了新的设计观念。这种局面一直持续至今。家具设计虽没有了轰轰烈烈的运动思潮，可它真正开始渗透到我们每个人的日常生活中。

爱马仕（Hermes）家具中最有特色的是Pippa折叠家具系列（图2-32），是为了实现将好家具随身携带的梦想。这款折叠书桌（Pippa Folding Desk）于1991年推出，现在已成经典之一，设计者Rena Dumas是爱马仕第五代总裁夫人。

●图2-32　Pippa折叠家具系列

　　图2-33为日本Nendo设计的cord-chair，追求轻逸之极限，椅腿直径只有1.5cm，它的稳固性来自将挖空的木材包裹在9mm的不锈钢框架外面，再将精心打磨过的椅背与凳面、关节等装在框架上。获得2010年《Wallpaper》杂志的"the best chair"大奖，Maruni公司甚至为它专门开设了一条产品线。

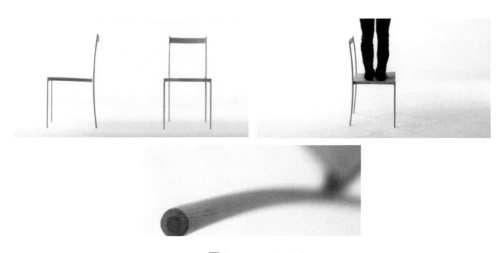

●图2-33　cord-chair

2.11　2001年至今

就家具设计而言，它不仅是解决问题的方法和手段、创造和革新，而且也是一种审美活动。家具设计不只包括产品形态、色彩、材料的设计，还包括对工艺和各生产环节的设计，但更为重要的是，作为一种创造性的活动，它对人类的生活方式也起到了一定的设计作用。因此，家具设计是一个统筹的过程、综合的过程，也是一个艺术与技术结合的过程。

世界家具发展状态来看，现代家具的设计正趋向技术上先进、生产上可行、经济上合理、款式上美观、使用上恬静安全等目标发展。当今的家具设计界愈来愈认同并接受一种新的设计观念，那就是：设计新家具就是设计一种新的生活体式格局、工作体式格局、休闲娱乐体式格局……越来越多的设计师对"家具的功能不仅是物质的，也是精神的"这一理念有更多、更深的理解。

21世纪的家具设计将会异彩纷呈、形成多元化的趋势，具体地讲，家具设计的观念有如下几个方面。

（1）人性化设计

"以人为本"是当今家具设计的基本原则。任何一件家具的设计开发都是以人们生活需要为前提，为提高人们生活质量而开发出来的。"适用"是家具设计中的一个基本属性，是最具生命力的属性。人们对家具的要求，首先是具有实用性功能，为使用者提供符合人体生理、舒适方便、功能合理的性能，对人体不会造成伤害，如能适应人体姿势的变化，有足够强度，触感良好，安全无毒等。这就需要设计者对人体构造、尺度、动作、行为、心理等人体生理特征有充分的理解，即按人体工程学原理进行家具设计，要研究不同人群的行为科学、生活方式。

（2）多样化和个性化设计

人们对家具的要求除满足实用功能外，越来越重视满足心理、审美精神、文化方面的需要。当今信息化时代，传统与现代，外来与本土，民族、地域文化与国际化多元文化碰撞，人们的价值观、消费观念、审美情趣等各不相同，导致消费需求的多样化、个性化。任何家具形态都是通过点、线、面、体及色彩、质感等造型要素有机组合构成的。设计师需运用美学法则取舍不同形状、比例、体量、虚实、质感材料进行造型要素的协调处理，获得不同风格的家具。

以一种近乎炫技的表现手法，俄罗斯设计师Maxim Maximov设计了一系列名为"万物合一（All is One）"的家具（图2-34），其中包括一把凳子，两款带有书架功能的落地灯，一款衣架，两款边桌，以及一款方桌。虽然每件家具的功能不同，但是采用了统一的弯管支架造型，只不过每款家具的支架部分大小不同。

（3）绿色设计

所谓绿色设计，就是维护人类地球绿色环境的设计，也就是不破坏地球资源、不危害地球环境的设计，又常称为面向环境的设计、面向未来的设计或生态设计。绿色设计要点是所设计的产品对人必须是安全无害、健康且与环境融洽；尽可能节省材料，选用可以再生、易于再生的材料；在生产、消费和废弃过程中不污染环境，节约能源，尽可能避免使用危害环境的材料和不易回收、再利用的材料。

当今，绿色、环保已深入人心，尽可能实现家具的绿色设计和制造，已成为家具企业获得进入国际市场的通行证和参与国际竞争的有力保证。

在当今，与自然接触已是难得的体验。LOG系列家具（图2-35）将自然带进用户家中。传

●图2-34 "All is One"家具

●图2-35 LOG系列家具

统的原木，直接掏出一部分，采用"旋转锯""弯曲锯"等多种锯法，暴露木材本真原始但又极为让人震撼的剖面。不细腻，粗犷但又极为动人的木制家具，呈现在人的面前。

（4）家具与家居相融性设计

当代家居设计，将更加注重家具与室内整体环境的和谐统一。人们不希望家具从室内环

境中被割裂开来，希望在选好家具后对室内进行统一设计或针对室内环境设计家具，因为室内设计是家具设计的前提和基础，而家具设计反过来影响着室内设计的总体特征，家具设计与室内设计的关系将越来越紧密，且互相制约、互相影响。那种不分场合、不分地点的家具将会越来越少，不考虑家具而对室内空间进行盲目设计的行为也将逐渐消失。总之，与室内设计紧密相连的家具设计将成为主要的发展趋势。

（5）国际化和民族化设计

现代家具设计存在着国际化与民族化两种明显的发展趋势。首先，由于现代信息技术的发展，缩短了人与人之间的距离，世界变得越来越小。家具设计师采用多元文化的途径和手段进行家具设计，缩小了地域之间、民族之间和文化之间的差异，增加了文化的共性，再加之便利的交通、开放的国际市场和国际贸易，家具风格式样的趋同是必然趋势。世界文化发展水平的差异，西方文化的传播，加剧了家具设计的国际化趋势。与此同时，也唤醒了家具设计师重新认识民族文化的价值，人们逐渐认识到，传统文化和民族文化的丰厚内涵和历史的积淀是家具设计的生命与源泉，"只有民族的才是世界的"已被设计界所公认，民族性是家具设计走向世界的基点。如中国明式家具以其简练、挺拔、富于力度的优美造型，成为了世界家具大家族中一块耀眼的瑰宝。所以，不同地域形成的民族文化应受到家具设计师的重视，设计中有本民族文化的内涵才有可能持续发展。

（6）信息化、智能化设计

以信息技术、知识经济为标志的第三次浪潮迅速席卷全球，特别是以国际互联网为代表的全球信息高速公路的突破性进展，使人们的衣、食、住、行都产生了新的需求，生活与工作方式也发生了许多新的变化。随着数字电视机、数字电话、计算机和互联网等高科技产品广泛地进入家庭，极大地提升了人们生活的品质，促使建筑、环境、家具的设计朝智能化与信息化趋势发展，传达了建筑与家具的新语义和新内涵，使人们从视觉和触觉上感受到了一个全新的世界。信息时代的家具产品，不仅可以改变人们工作、生活和休闲的方式，而且能够以多样化的人机界面，创造出人与人、人与物、人与空间、人与环境之间的新型沟通形式，丰富和激励起人们的想象力，增进自我完善的能力。同时，随着智能化建筑、数字化技术的日益普及，带来了许多信息时代家具设计新时空，也给家具设计师带来了极大的创新性、探索性和挑战性，更是给家具企业带来巨大的市场和利润。

面向未来，家具设计开发着眼于未来社会，它要求设计师有敏锐的感觉，善于捕捉家具在未来环境中可能发生的变化，不断探索设计创新的新素材，不断地设计开发新的家具产品，为人们创造出更美好、更新鲜的生活方式。例如，现代的整体厨房家具的设计与开发。在现代家庭生活中，厨房日益成为一个开放的生活中心，现代整体厨房家具正在成为现代家具工业中一个日益重要的产品，厨柜家具与灶具、油烟机、微波炉、冰箱、烤箱、消毒碗柜等家电的系列化设计，与照明电路、给排水管道的综合设计，使得家具业与家电业正日益走在一起，产生跨行业的产业重组与整合，尤其是与计算机网络技术的结合更是如此。例如，在厨柜中安装数字化的计算机屏幕设备，其终端与城市社区的超市和购物中心连接，家庭主妇可以随时实现网上购物，了解商业信息；可以在上班时利用智能通信设备遥控开启电饭煲、微波炉。这使得现代厨房家具从工业化时代的标准化、部件化生产进一步提升为智能化与数字化的现代厨房家具。

家具设计开发一定要着眼于未来社会与科技的发展，要在现代社会与未来社会间不断地构筑出一座桥梁，把人们带入一个新的更加美好的世界，这是时代赋予现代家具设计师的历史使命。

如图2-36所示，Falling Up 由著名荷兰建筑师Janjaap Ruijssenaars（简称加纳普）设计，历时6年才完善了它的相关技术发展，曾被美国《时代周刊》评为"最佳设计"。

●图2-36　Falling Up

加纳普的这个设计灵感来源于《2001太空漫游》（*2001: A Space Odyssey*）这部著作，该著作曾以某种方式影响过联合国和NASA。这就是一张永远离地35cm悬浮在空中的床。

悬浮床的原理是什么？把一对巨型磁铁放于相反位置，一部分放在床中，一部分放在地上，其产生的斥力让床悬浮在空中。而为了不让床在磁力的作用下滑走（就像在科学课上玩磁铁时一样），设计师利用四根细绳来稳固四个床角（图2-37）。

●图2-37　四根细绳稳固四个床角

（7）品牌化设计

　　家具同其他商品一样，越来越重视品牌。因为没有品牌的家具将得不到消费者的认可，也就谈不上高价位。尤其是进入WTO后，我国家具的关税下降，为国际家具企业提供了更为有利的契机，导致国内家具市场的竞争越来越激烈；国外知名品牌的进入，带给国内家具极大冲击。如果国内家具行业不能形成自己的品牌，就不会具有市场竞争力，中国家具业在下一轮竞争中想要稳操胜券，必须重视品牌的设计。

　　意大利家具商Domodinamica超现代家具马蹄莲椅（图2-38），以百合花瓣造型为灵感，设计师为Domodinamica的乔凡诺尼。这一巧妙的椅子设计让你的家居生活充满个性。柔软的聚氨酯泡沫塑料填充，可最大限度地享受舒适。

●图2-38　马蹄莲椅

03

家具设计的
相关理念

3.1 设计原则

　　家具设计是一种设计活动，因此它必须遵循一般的设计原则。"实用、经济、美观"是适合于大多数设计的一般性准则。随着社会的富裕、人们生活水平的提高，对家具等日常生活用品也提出了新的要求，把"绿色"也加入家具设计的基本准则之中，归结起来，主要有以下4个方面。

3.1.1 实用性原则

　　"实用"是家具设计的本质与目的。如果家具不能满足基本的物质功能需求，那么再好的外观也是没有意义的。如餐桌用于进餐，西餐桌可以设计为长条状的，因为通常是分餐制；而中餐桌往往需要设计成圆形或方形的，因为中国餐饮文化以聚餐为核心，长条状的餐桌不能适应中国人的用餐习惯。

　　家具的使用性能一般取决于家具的材料、结构等因素，体现在使用过程中的稳定、耐久、牢固、安全等几个方面。这要求设计师遵从力学、机械原理、材料学、工艺学的要求进行结构、零部件形状与尺寸、零部件加工等设计，保证家具产品使用性能优异。

　　家具使用功能是否科学，主要体现在家具使用的舒适、安全、省力等方面。这要求设计师在设计过程中充分考虑其形态对人的生理、心理方面的影响，按照人体工程学的要求指导人机界面、尺度、舒适性、宜人性等方面设计。

案例

超实用的数码收纳台

● 图3-1　数码收纳台

这个数码收纳台（图3-1）由手工焊接的钢架与竹板组成，台面上有两个饮料架、四个可用作手机或iPod支架的插槽，以及一块可摆放平板电脑或电视遥控器的软垫，非常实用。

3.1.2 美观性原则

美观性原则主要是指家具产品的造型美，是其精神功能所在，是对家具整体美的综合评价，分别包括产品的形式美、结构美、工艺美、材质美以及产品的外观和使用中所表现出来的强烈的时代感、社会性、民族性和文化性等。家具产品的"美"是建立在"用"的基础上的，尽管有美的法则，但美不是"空中楼阁"，必须根植于由功能、材料、文化所带来的自然属性中，产品的造型美应有利于功能的完善和发挥，有利于新材料和新技术的应用。如果单纯追求产品形式美而破坏了产品的使用功能，那么即使有美的造型也是无用之物。此外，家具设计还必须考虑产品造型所带给人们的心理、生理影响及视觉感受。

案例

盆景板凳

这款由Insekdesign设计的"盆景板凳"（图3-2），巧妙地将盆景元素融入传统的板凳设计中，带出了一股清新之风。

这个板凳的一端与普通凳子没什么两样，另一端用木头营造了复杂的"地貌"：高低交错，层次分明，再在其中"栽种"一些仿真的花花草草，简单的盆景景观就制作完毕了，堪称人与自然的和谐典范。

●图3-2　盆景板凳

3.1.3 经济性原则

家具设计的经济性原则应包括两个方面：一是对于企业，要保证企业利润的最大化；二是对于消费者，要保证其物美价廉、物有所值。这两者看似矛盾，不过也正因为这样，设计师的价值才得到了充分的体现。经济性将直接影响家具产品在市场上的竞争力，好的家具不一定是贵的家具，但设计的原则也并不意味着盲目追求便宜，而是以功能价值比为原则。设计师需掌握价值分析的方法，一方面避免功能过剩；另一方面要以最经济的途径来实现所要求的功能目标，在进行产品设计时，还需要充分考虑生产成本、原材料消耗、产品的机械化程度、生产效率、包装运输等方面的经济性。

"没有最好的设计，只有最适合的设计。"例如，一些外形简单但适合大批量生产、造型单调但具有较高的实用价值、用材普通但具有较低的成本、耐久性较差但适合临时使用需求的产品，用设计的一般原则来衡量这类家具时，的确不能算是好的设计和好的产品。但考虑到一些特定人群（如低收入人群）和特定市场（如相对贫穷的农村市场）来说，对该设计的评价就可能该另当别论了。

3.1.4 绿色化原则

绿色化就是在设计中关注并采取措施去减弱由于人类的消费活动而给自然环境增加的生态负荷，要在资源可持续利用前提下实现产业的可持续发展。因此，家具设计必须考虑减少原材料、能源的消耗，考虑产品的生命周期，考虑产品废弃物的回收利用，考虑生产、使用和废弃后对环境的影响等问题，以实现行业的可持续发展。

家具设计应是绿色和健康的，设计应遵循3R原则，即Reduce、Reuse和Recycle，即"少量化、再利用、资源再生"三方面。

少量化主要是指对一切材料和物质尽量最大限度地利用，以减少资源与能量消耗，如设计中简化结构、生产中减少消耗、流通中减少成本、消费中减少污染等。但需要指出的是，少量化设计并不是简单地减少，而是在设计结构与造型等内容时更多地倾注理性、科学的成分，合理的产品功能、牢固的结构、合理的用料、延长使用寿命，自然可达到"少量化"的目的。再则就是从设计生产上抵制个人的"过度消费"和"盲目消费"等消费行为，通过设计来引导产品资源的利用和分配使其更加合理。

再利用主要是针对家具部件和整体的可替换性而言的。在不增加生产成本的前提下，每个部件，特别是关键部位、易损坏零部件结构自身的完整性，对于再利用有着特别的意义，它可以保证产品零部件在损坏时可以不破坏整体结构从产品主体上拆除并更换。如一张木凳，当其一条腿损坏时，我们可以在不改变其主体结构的情况下通过更换另一条腿继续使用，这就是我们所指的再利用。

3.2 设计理念

3.2.1 通用性设计

通用性设计试图满足所有年龄阶段、具有不同生活能力和认知技能人群的需要。这一术语最初是在1990年被美国北卡罗来纳州立大学通用设计研究中心的朗·麦新教授所使用。通用设计注重"使用的范围"，而不是"限制的范围"。无论使用者的身高、体重和健康状况如何，通用性设计试图适应不同年龄阶段的使用者（年龄在8～80岁）和具有不同生活能力的使用人群（如轮椅使用者、患有关节炎疾病的使用者、盲人和聋哑使用者等）。通用性设计是一个广泛性设计概念，它试图寻求消除限制产品用途和社会功能之间的障碍。

可调节性和尺寸的可转换性可用于解决全民设计所面临的挑战。然而不用做出任何改变和调节就能适应大量人群的设计，表现了通用性设计本身所固有的属性。

通用性家具设计的例子包括：

①适用于偏爱左／右手使用者的书桌；
②带有可调节高度台面的书桌和餐桌；
③用于满足个人需求，可重新布置工作场所的可移动书桌和底座；
④同时适用于左手和右手用户的写字板；
⑤适用于所有人的餐桌，尤其能够满足特殊人群的需求；
⑥座椅的设计要求能够方便使用者起立和就坐，还要符合人体工效学原理；
⑦架子的设计应当能够满足轮椅使用者的需求；
⑧装箱产品的设计能够方便盲人用户开启和使用；
⑨橱柜的设计应能够满足患有关节炎疾病用户的需求。

案例

多功能家具系统

设计师的灵感来自遍布大街小巷使用的手推车，设计从检验手推车的固有特性以及它们是如何应用在日常生活中开始。使用的时候手推车有时保持直立，有时候保持倾斜的位置。手推车的这种双重特性为设计师们提供了机会，打造了可移动的家具系列作品，同时具有多种特点。

例如，倾斜的时候可以作为三座沙发使用，直立后就变成了衣帽架。当一款作品保持在一种姿势状态下的时候，人们能够从细微的指示中注意到如何将其变为另一种姿态。设计师经过不断探索最终成就了这 12 款多功能便携式家具。由于该套家具作品的可定制属性，使得该项目获得较大成功（图3-3）。

●图3-3　多功能家具系统

3.2.2 无障碍设计

无障碍设计，又称为可及性设计。可及性主要是关于"进"和"出"的问题，而通用性设计作为另一种设计概念，注重的是代际使用问题，偏爱使用左手或右手的用户，泛文化的应用和现实主义者等。在设计中注重可及性的家具，不包括豆袋椅、吊床、窄椅和高扶手椅，因为这些家具限制了使用人群，使一部分人由于种种原因而无法正常使用。这些家具在设计上存在一定的弊端，使用不方便。桌子太高或太矮，椅座太高或太窄，对于使用者来说，都不舒适，都不能称为可及性设计。

可及性家具包括升降椅、可调节桌子和可调节座位。这类桌椅结构轻盈、带有可移动轮脚，还可堆叠存放，因此可自由移动，方便清扫，确保室内卫生，还可根据需要随意选择安放位置，重新布局室内空间。椅子上的扶手可帮助老年人起立和坐下，但要注意的是这种扶手还应适用于体格较大者。

可及性工作台面是指餐桌、书桌和工作台面的高度应适用于所有人，包括坐轮椅的人员。考虑到不同使用人群，餐桌高度的变化范围应高于地面28～34in（71～76.5cm），而且至少留有27in（68.5cm）的膝盖伸入空间。

行业规范和技术标准用于确保使用者的健康、安全和舒适性。许多技术标准由某些具备特殊性能的家具发展而来的，尤其是椅子。例如，牙科手术椅是按照国际标准化组织（ISO）6875条例标准制作的。豆袋椅则是按照美国国家标准协会（ANSI）ASTM F1912—1998标准生产的，ASTM的全称是美国检测与材料协会。美国消防协会（NFPA）制定了一系列有关家具表面装饰和纺织布料的火焰蔓延和生烟速率的标准。视频显示终端（VDTs）办公家具的人体工程学设计标准则是按照ISO 92415：1988的标准制定。ISO 7174标准规定了摇椅和倾斜座椅的稳定性制作标准。AST MF1858—1998标准则规定了草坪躺椅的制作标准。

例如，美国残疾人无障碍条例（ADAAG）规定日常生活和公共场所必须为轮椅使用者提供可以坐的地方；用餐场所须为轮椅使用者提供可通行的通道；带有固定座椅场所必须为轮椅使用者提供足够大的使用空间。美国家具协会（BIFMA）制定了检测椅子商品等级的指导原则。

通常高于规定负荷时，椅子可能会受到损害，但并不一定会翻倒。许多公司在购买家具时通常会参考标准，或加入他们自己的性能要求。家具生产公司则依据这些标准来生产产品，保证质量。

案例

"cradle"（摇篮）系列立体松紧织物家具

layer是英国设计师Benjamin Hubert成立的一个体验驱动型工业设计机构。"cradle"座椅采用的是工作室与一家奥地利工厂联合创作的几何图案织物。这种针织材料具有高强度和低密度等特性，为就座者提供灵活的支持。金属靠背包含着软垫座位，形成一个环状弧度与座椅结构下方相连接。作品设计实现了包覆轮廓，为人们提供了吊床般的独特舒适感，同时又省去了来回攀爬的麻烦（图3-4）。

● 图3-4 "cradle"（摇篮）系列立体松紧织物家具

3.2.3 可持续设计

"可持续发展"（Sustainable Development）的概念形成于20世纪80年代后期，1987年在名为《我们共同的未来》（*Our Common Future*）的联合国文件中被正式提出。尽管关于"可持续发展"概念有诸多不同的解释，但大部分学者都承认《我们共同的未来》一书中的解释，即："可持续发展是指应该在不牺牲未来几代人需要的情况下，满足我们这代人的需要的发展。这种发展模式是不同于传统发展战略的新模式。"文件进一步指出："当今世界存在的能源危机、环境危机等都不是孤立发生的，而是由以往的发展模式造成的。要想解决人类面临的各种危机，只有实施可持续发展的战略。"

具体来说，"可持续发展"首先强调发展，强调把社会、经济、环境等各项指标综合起来评价发展的质量，而不是仅仅把经济发展作为衡量指标。同时亦强调建立和推行一种新型的生产和消费方式。无论在生活上还是消费上，都应当尽可能有效地利用可再生资源，少排放废气、废水、废渣，尽量改变那种靠高消耗、高投入来刺激经济增长的模式。

其次，可持续发展强调经济发展必须与环境保护相结合，做到对不可再生资源的合理开发与节约使用，做到可再生资源的持续利用，实现眼前利益与长远利益的统一，为子孙后代留下发展的空间。

此外，可持续发展还提倡人类应当学会尊重自然、爱护自然，把自己作为自然中的一员，与自然界和谐相处。彻底改变那种认为"自然界是可以任意剥夺和利用的对象"的错误观点，应该把自然作为人类发展的基础和生命的源泉。

实现可持续发展，涉及人类文明的各个方面，家具设计是其中一个重要的方面。虽然设计项目有多个不同的重点，但家具设计要将重点放在可持续性上，坚持这些可持续原则，是很多优秀设计实践的核心。将这些原则纳入到设计部门工作的层次结构和既定的企业文化中将节省许多成本，并且会在实际应用中开创更多的商业机会。

在中国，绿色家具的认证标准框架已由中国环境科学院提出，现有待完善并制定相应的认证程序。另据研究表明，产品性能的70%~80%是由设计阶段决定的（而设计本身的成本仅为产品完成成本的10%），如果再考虑环境因素，该比例还会更大，因为由产品设计所造成的对生态和环境的破坏程度，远远大于由设计过程本身所造成的对生态和环境的影响程度。因此，只有在设计阶段，按照绿色家具的特征进行规划、设计，才能保证家具产品最终的"绿色"特性，同时保证产品应有的主要功能、质量、使用寿命，并提升产品价值。这是未来家具争夺和占领市场的绿色通道。

绿色家具具有以下特征。

（1）环境保护性
绿色家具要求从生产到使用乃至废弃、回收处理的各个环节都对环境无害，其评价应该达到国际公认的环保标准。这就要求家具生产企业在生产过程中选择绿色材料，使用清洁的制造工艺，不产生对环境有害的废气、废水、废渣以及噪声等。

（2）材料资源利用最优性
绿色家具应该是在家具设计和生产过程中，尽量节约自然资源和人力资源，尽量少使用实木，多使用各种人造板或其他绿色环保材料，因此这就要求，在进行家具设计时就应该在满足产品基本功能的条件下，尽量简化产品结构，合理使用材料。在制造过程中最大限度地提高木材和其他人造板材的利用率，提高设备的利用率，提高劳动生产率。

（3）良好的可拆装性
绿色家具的可拆装性是家具的一项重要特征，因为良好的可拆装性家具大大地提高了家具零部件的利用率，尽量减少废弃物，而且还可方便地进行绿色包装。

（4）安全性
绿色家具必须是安全的产品，即它在结构设计、使用材料、生产制造、包装运输和使用的各个环节都必须是安全的。因此，绿色家具必须采用先进安全技术，实现产品安全本质化，确保绿色家具在使用过程中对人体无害。

（5）经济性
绿色家具除了应具有上述特征外，还应具有良好的经济性。因此绿色家具在生产过程中一定要最大限度地降低生产成本，使消费者不但想买，而且买得起、用得起。

　　绿色家具的设计就是要求家具在设计阶段就应满足绿色家具的基本特征，而不是片面地单纯追求环保性。因此其基本的设计思想应该是：预先设法防止产品及其生产工艺对环境产生副作用，从根本上防止污染，而且要节约资源和能源。要使设计的家具具有绿色家具的各种特征，在设计过程中要减少木材等自然资源的浪费，减少和避免再生产和制造、使用过程中产生污染环境的废弃物。

案例
用洗衣机做成的家具

　　女设计师Tony Grigorian设计了一系列DIY家具"我曾是台洗衣机"，包括椅子、凳子等，但她采用的材料非常特殊，是旧洗衣机的零件（图3-5）。

　　Tony首先把洗衣机拆掉，让洗衣机面目全非，然后想做什么家具，只需把所需的零件组合到一起即可。

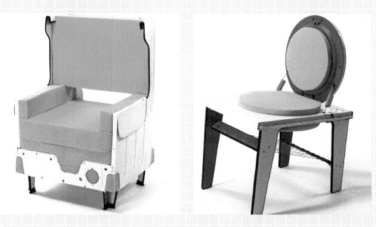

●图3-5　旧洗衣机零件DIY家具

3.2.4 情感化设计

　　随着社会的不断发展及人们生活质量的提高，家具被赋予的功能不断增多，人们对家具精神层次的需求也不断增长。人与人之间的交流是通过语言进行的，而物与人之间的沟通则是通过物的功能及形态来进行的。人们在使用物的过程中，会得到种种信息，引发不同的情感。当设计使产品在外观、肌理、触觉等方面对人的感觉是一种"美"的体验或使产品具有了"人情味"时，情感设计也就应运而生了。

情感是天赋的特性，是由需要和期望决定的，是人对外界事物作用于自身时的一种生理的反应。这种反应可分为"感觉"与"感情"两大类。二者都是外界事物作用于自身时的一种生理的反应，统称为"情感反应"。需要和期望得到满足时会产生愉快、欣喜的情感；得不到满足时，会产生苦恼、沮丧的情感。

家具引起的情感反应不仅影响着我们的购买决策，而且也影响着购买后拥有该家具和使用它时的愉悦感觉。家具的设计和使用在不同方面对人们心情、感觉、情绪产生影响。看似简单的家具能引起人复杂的情感反应。

这种情感反应通常具有以下特点。

（1）个体差异性

人的文化背景、知识层次、审美标准、生活习惯的不同，对于家具的期望目标、衡量标准、态度也不同，因此不同用户对于同一件家具会有完全不同的情感反应。

（2）时效性

随着个人年龄的增长及其周围环境的变化，其期望目标、衡量标准、态度也会发生变化，对同一家具的反应也随之发生变化。

（3）复合性

由于家具评估有着多元的影响因素，对于一件家具通常人们会有几种不同的感觉产生。当前对于人与家具间产生的情感反应，还没有一个既定的、统一的描述方式和评估标准。人们只能通过不同的感观形容词来描述对于家具的感性信息（包括家具的外观、色彩、视觉的协调性、使用方式……）直接或者间接的感受，而这些感受可以从人们的反应，包括行为、表现、心理、主观情感等方面进行考虑，然后根据人们的喜好度来对家具设计进行评估，最后通过分析喜好度和形容词之间的关系决定设计的方向。

作为设计师，如何将想要向用户表达的情感因素组织到设计中，而设计开发出能够满足目标用户的生理及心理需求的家具呢？

（1）以用户为中心的设计思想作为主导

设计师在开始进行创意设计前应该充分了解用户，包括用户的年龄层次、文化背景、审美情趣、时代观念、心理需求等，并且应充分了解用户的使用环境，以便设计出的家具能够真正融入用户的生活和使用环境中。同时，在设计过程中也应该让使用者参与进来，在不同的设计阶段对产品设计进行评估，这样可以使得设计的中心一直围绕目标用户，设计出来的家具也能更加贴近用户的需求。

（2）思考对造型、色彩、材质等产品构成要素对目标用户的心理影响

平时要善于总结和归纳设计元素对用户心理影响的基本规律，设计时就可以做到得心应手。以下是一些综合产品造型、色彩、材质等要素使用户产生情感的大致归类。

① 精致、高档的感觉 自然的零件之间的过渡、精细的表面处理和肌理、和谐的色彩搭配。

② 安全的感觉 浑然饱满的造型、精细的工艺、沉稳的色泽及合理的尺寸。

③ 女性的感觉 柔和的曲线造型、细腻的表面处理、艳丽柔和的色彩。

④ 男性的感觉 直线感造型、简洁的表面处理、冷色系色彩。

⑤ 可爱柔和的感觉 柔和的曲线造型、晶莹/毛茸茸的质感、跳跃丰富的色彩。

⑥ 轻盈的感觉 简洁的造型、细腻而光滑的质感、柔和的色彩。

⑦ 厚重、坚实感的感觉 直线感造型、较粗糙质地、冷色系色彩。

⑧ 素朴的感觉 形体不作过多的变化，冷色系色彩。

⑨ 华丽的感觉 丰富的形体变化、高级的材质、较高纯度暖色系为主调，强烈的明度对比。

以上只是指出了形态、色彩、肌理等要素与家具情感的大致关系，设计师通过家具的造型、色彩、肌理等构成要素的合理组合，传达和激发使用者与自身以往的生活经验或行为，使家具与人的生理、心理等方面因素相适应，以求得人—环境—产品的协调和匹配，使生活的内在感情趋于愉悦和提升，获得亲切、舒适、轻松、愉悦、尊严、平静、安全、自由、有活力等心理感受。

家具的情感设计是个复杂的系统。可以这样说，家具的情感寓意越多，家具的附加值就越大，也对设计师的素质提出了更高的要求，这种要求不仅是技术上的，也是思维上的。

案例

巴西 Fetiche 工作室的"热带主义运动"家具

热带主义运动（Tropicália）又称为新音乐运动，是20世纪60年代晚期兴于巴西的文艺运动，包含戏剧、诗歌、音乐等艺术形式，该运动汲取了嬉皮运动中的包容与开放，于20世纪60年代开始影响巴西的音乐界。

巴西 Fetiche 设计工作室从热带主义运动中获得灵感，为家具厂商 Schuster 设计了一系列名为"Tropicália"的家具（图3-6），这些家具包括搁架、咖啡桌、边桌和凳子，采用实木制作，主色调为蓝色和绿色，将海浪、棕榈叶、手鼓等元素融入家具的设计中，充斥着浓郁的热带风情。

●图3-6 "Tropicália"家具

3.2.5 体验设计

1998年，《哈佛商业评论》杂志7～8月号上刊登了一篇题为《迎接体验经济》的文章，该文作者约瑟夫·派恩二世与詹姆斯·H·吉尔摩认为，体验是一种创造难忘经历的活动，是企业以服务为舞台、商品为道具，围绕消费者创造出值得回忆的活动；同时，体验也是一种商品，可以买卖。按照作者的理论，从经济角度而言，人类历史经历了四个阶段：物品经济时代、商品经济时代、服务经济时代和体验经济时代。

随着体验经济时代的到来，体验设计也应运而生。体验设计通过特定的设计对象（产品、服务、人或任何媒体）进行设计，所预期要达到的目标是一段可记忆的、能反复的体验。设计师既可以运用传统的设计手段（例如造型、色彩设计），也可以通过新的设计思路（例如塑造主题和混合使用多种记忆手段）来再现某段有特定市场价值的体验，并强化消费者的记忆。

家具体验设计作为体验设计这一整体系统中的设计内容，同传统的家具设计在内涵、表征上必然有所不同，也必然有其新的理念与特点。

① 体验经济条件下的生产与消费方式和相应的经济管理模式的变化，是家具体验设计形成、发展的基础。

从20世纪70年代起，随着信息技术在各个领域的广泛应用和知识经济的逐步形成，家具工业所依赖的经济与管理模式已经发生了变化，家具体验设计要求设计从开始阶段就将个体消费的需求与消费经验融入家具产品的生命周期，解决家具的个性化、多元化，从而出现了批量化定制的生产与管理概念。而这种变化成为体验经济和家具体验设计形成、发展的基础。

② 家具体验设计的目的是唤起使用者的美好回忆与生活体验，家具是作为"道具"出现的。能否让使用者在使用过程中拥有美好的回忆，产生值得记忆的体验成为衡量家具体验设计"优劣"的标准。而且家具体验设计必须服务于产生体验的整个"剧情"的需要，使用者产生美好的回忆与体验是其最终的目标。

设计者应充分认识到家具体验设计是一场"体验的设计"，个体的体验是最重要的，而体验的价值将远远大于家具本身。家具的形式是整体的、全方位的，包括视觉、听觉、嗅觉、触觉等。

③ 家具体验设计使产品的概念具有更为广阔的外延空间，产品体验设计提供的是一种生活体验方式。

家具体验设计是为使用者产生体验与美好的回忆提供"道具""生情点"，它必须为产生体验的整个"剧情""主题"服务，设计必须满足"演出"的需要。而"剧情"之所以能够与"观众"共鸣，是因为它再现或印证、憧憬了使用者的某种过去或将来的生活体验，从这层意义上讲，家具体验设计提供的是一种使用者向往或能激发其积极参与的生活体验方式。

德克霍夫（Derrick de Kerckhove）在《文化肌肤：真实社会的电子克隆》一书中认为，在不远的将来，设计的灵感来源将不会被局限于传统的美和功能这样一些概念，而将会来源于我们最古老的对智慧的渴求。人们渴望决定自己的生活，热切地希望投入创造自己生活的全过程中去，并在过程中得到智慧，获得提升。过程体验本身就给人以满足感，对未来未知领域的探索，回味过去他人或自身的经历往往会超越最终结果——家具本身的意义。这种过程给予人类的满足感甚至可以让人忽略最终家具的某些不足。

家具体验设计提供的家具意义是一个全方位的，具有很大扩展空间的生活体验方式，它赋予了使用者更多的自主性，使用者可根据自己对"剧情"的体验需要而有所选择，使家具与人有了很强的互动关系。

案例

Rafa-Kids　K形桌

对于大点的孩子写写画画来说，一张合适而有趣的桌子至关重要。

K形桌来自由建筑师 Arek Seredyn 和他妻子共同创立的零售家具工作室 Rafa-Kids。侧面看起来，这款桌子形似字母"K"（图3-7）。它最大的特点是桌子上加了一个盖。设计师很喜欢将加盖子运用在设计作品中，一个盖子创造了更多的可能性，当它扣上时，孩子们可以将自己"小秘密、小宝藏"隐藏起来，打开时，它是一个绘画作品的展示板。

盖子开合处选用铰链，可以保护孩子的手指，更减少了噪声。外表没有可见的螺钉，同样起到保护作用。

● 图3-7　Rafa-Kids K形桌

3.2.6 模块化设计

模块化设计并不是一个新的概念，日常生活中的"积木"玩具、组合式家具等都是模块化设计的运用。早在20世纪初期，建筑行业将建筑按照功能分成可以自由组合的建筑单元的概念就已经存在，这时的建筑模块强调在几何尺寸上可以实现连接和互换。从家具设计的角度来看，所谓模块是构成家具的一部分，具有独立功能，具有一致的几何连接接口和一致的输入、输出接口的单元。相同种类的模块在产品族中可以重用和互换，相关模块的排列组合就可以形成最终的家具。

模块化的家具设计可以达到以下几个目的：模块的组合配置，可以组装成满足客户不同需求的家具；相似性的重复，既可以重复使用已有零部件和已有设计经验，也可以重复利用整个家具生命周期中的采购、物流、制造和服务资源；降低家具设计的复杂程度，因为模块是家具部分功能的封装，设计人员使用具体模块时就不再需要关注内部设计的实现，从而可以更加关注顶层逻辑，提高产品工程管理质量和产品的可靠性。

模块化的家具设计和生产可以在保持家具较高通用性的同时提供家具的多样化配置，是解决批量化生产和个性化需求这对矛盾的一条出路。家具模块化是解决目前制造企业产品的标准化、通用化与定制化、柔性化之间矛盾的可行方案。而家具模块化目前正在从企业竞争的优势技术，向企业竞争的必备技术转变。这是家具制造发展的趋势，也势必会对在未来市场中的产业细分带来深远的影响。

模块化设计需要具备以下基本特征。

① 模块是系统的组成部分。系统包括多种要素，如功能、结构及造型等，并以各要素及相互间的关系为基础，表现出独立功能的系统。模块的重要特征是可以作为一个单元从系统中拆卸、取出和更换。

② 模块的划分并不是对家具系统的任意分割，组成系统的模块应具有明确的功能。

③ 模块应具有能构成系统的、传递功能的接口结构，无接口的单元不能构成系统，因而不属于模块。

④ 模块作为一种标准单元，具有典型性、通用性或兼容性等标准化的属性，并能构成系列。

模块化设计思想从一个新的角度看家具功能设计，在强调功能性的同时，考虑不同用户的功能需求差异，对不同功能部件进行选择。例如对于柜类家具，不同规格的单体门、抽屉、门内抽屉、搁板等部件以及金属拉篮、裤架、领带架等配件，可根据不同用户的需要配置。用户对于家具不再是被动地接受，而是可以主动地选择。用户购买的不再是固定的成品，购买过程也不是一次性的。因为在使用的过程中，还可以增加或改变功能部件，如购买后才发现需要门内抽屉，就可以买个抽屉回去。模块化设计使设计师的设计工作的重点放在功能部件的设计开发上，不再把家具作为一个成品，不再重复设计通用的结构性部件。

　　模块化设计是建立在标准化基础上的设计思想，它扩展了标准化的意义。而模块化设计在家具设计中的实现，是建立在应用32mm系统标准化的基础上。应用32mm系统，对功能进行标准化设计，规范系列板块尺寸，才能够实现互换；柜体的旁板上打好系统预钻孔，才能保证选择的门、抽屉等配件顺利安装，"即插即用"。

　　模块化设计作为家具设计的发展方向之一，在家具设计中的应用有着广阔的前景。这种设计思路的实现将把家具的设计及生产带入有序竞争，让用户了解家具的性能，了解家具这样设计给生活带来的方便。

案例

智能节省空间的办公桌 Ergon

　　Ergon是为公司设计的办公桌（图3-8），六个独立的办公桌组成一个圆盘，员工可以自行安排位置，出现问题也方便彼此之间的讨论。不止如此，每一个工作台，都可以通过手机进行连接，然后通过触摸屏设置自己的桌椅高度以及笔记本支架的倾斜度，达到最舒服的工作状态。

　　这样不只节省了空间，令走动的范围更大，不再那么拥挤，心情也会愉悦。

●图3-8　智能节省空间的办公桌Ergon

3.2.7 仿生设计

"仿生学"（Bionics）一词由美国J.E.斯蒂尔（J.E.Steel）提出，其所研究的方向和内容为设计学科在思想、理念及技术原理等方面提供的理论与科学的物质支持。仿生学由此而成为指导与辅助设计工作的一个重要学科，对于设计的理论与实践均具有深远的建设性意义。

① 仿生学能够从科学、理性的角度为造型设计提供形态素材与依据，激发设计灵感，是形态造型的重要方法之一。

大自然孕育了万物，它们的生存、繁衍、生息体现了适者生存的法则，各得其法。各个物种的形态特点皆有其符合自然需求的合理性、优化性与审美性的一面。数以万计的生物形态正是设计师取之不尽的素材，师法自然，进而激发出设计师的设计灵感与思想的火花，汲取自然界中生物形态的优化、合理的一面，将之融入到家具造型中，也必然使具有生物形态特点的产品同其模仿对象一样，在形态上有其"生存的空间"。仿生学的研究是借助对象形态的特征，进而启发我们的构思，发挥想象力，进行再创作的造型方法。

② 仿生学研究生物系统结构与性质的学科内容，为家具设计提供了坚实的工程原理理论基础、技术与结构等方面的支持，提供了使设计得以构想、展示、实施的有力科学和理性依据。没有技术支持的设计只能使设计停留于概念与设想，不具有现实意义。透过自然的现象探究自然系统背后的机制，即生物工程技术与工作原理，然后为家具设计的构想拓展出一片广阔的领域，为家具设计的实施提供理论与技术的支持。

③ 仿生学在家具设计中的运用能够提升设计融入自然系统的可能性，增加产品与自然间的亲和力，体现出设计师对自然的尊重与理解，建立起"绿色、生态、系统化"的设计思想。由于仿生对象的自然属性，使得设计也必然或多或少地映射出同自然的千丝万缕的联系，大自然的某些合理因素在设计作品上得到了某种意义上的体现，折射出自然的"影子"。为设计打开了一个更广阔、更具发展的空间——自然空间，拉近了产品与客观自然的距离。

④ 仿生学在家具设计中的运用也有个"度"的问题，也存在着适宜的方式、方法，有近似原则性的思想为指导，而不是不分对象、不分目的的信手拈来之作。仿生学的目的不在于复制每一个细节，而是要把生物系统中可能应用的优越结构和物理学的特性与设计结合利用，使设计趋于合理，而且还可能得到在某些性能上比自然界形成的体系更为完善的仿生设计来。

把仿生学运用于家具设计，设计师必须把握设计对象与仿生对象之间的相关性与互动性因素，慎重地、有选择性地面对仿生对象，把握、处理好设计对象与仿生对象之间的关系，师法有据，师法有理，避免设计产生歧义，甚至是阴差阳错。

　　此外，家具设计中仿生学的运用必须兼顾到"人的差异性"因素。对于同一事物，人们认识上的差异性是仿生学运用是否恰当、合理的不可忽视的重要方面。设计过程中绝不能单纯化、理想化地仅从设计师本人的设计理念与生物机能出发，而应因地制宜，因人而异，充分了解设计服务人群所处的地域和对象的心理等因素，并了解由此导致的对于事物认识上的差异性，恰当、合理地选择仿生对象。设计不是设计师简单的个人行为。设计中的创造性、创新性应有针对性、目的性，这既是设计得以接受的重要因素，也是设计师的职责之一，是设计工作复杂性的体现。

案例
壳椅

　　如图3-9所示，这款椅子的设计将自然与技术、现代与传统手工技艺结合于一身。

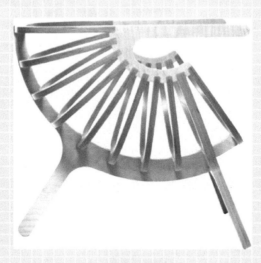

●图3-9　壳椅

　　设计师将木条弯曲排列，组成了一个茧形的座椅，然后用三根有机形态的椅腿来支撑。使用者可以自由选择喜欢的座垫，放在木肋座椅框架上，为自己设计一个定制的专属座椅。这些有机的wisa桦木胶合板经过激光切割之后，由葡萄牙老工匠手工组装制作。

04

家具的
造型设计

现代家具是一种具有物质实用功能与精神审美功能的工业产品，更重要的是，家具又是一种必须通过市场进行流通的商品，家具的实用功能与外观造型直接影响人们的购买行为。而外观造型与式样最能直接地传递美的信息，通过视觉、触觉、嗅觉等知觉要素，激发人们愉快的情感，使人们在使用中得到美与舒适的享受，从而产生购买欲望。因此，家具造型设计在现代市场竞争中成为主要且重要的因素，一件好家具，应该是在造型设计的统领下，将使用功能、材料与结构及工业化批量生产需求完美统一的结果。要设计出完美的家具造型形象，就需要我们了解和掌握一些形态的构成要素、构成方法，它包括点、线、面、体、色彩、材质、肌理与装饰等基本要素，并按照一定的形式美法则去构成美的家具造型形象。

4.1　家具造型基础元素

同样功能的家具在不同的文化背景中有不同的造型形态，就像欧洲的巴洛克与洛可可家具与中国明式家具的形态有着截然不同的造型形态一样。所以，在进行家具设计时，必须很好地了解形态的概念，"形"就是指物体的形状或形体，针对造型有圆形、方形、立方体，或者单体和复合体等；"态"是指蕴含在物体"形"内的"神态"，也指造型语义。综合而言，形态就是指物体的"外形"和"神态"的结合。"形"是固有的、物理的、客观的、自然的，"态"是联想的、心理的、主观的、社会的。

形态设计的目的是创造出具有感染力的形态，形态是设计师的设计理念及其设计作品所具有的实用功能与审美价值的具体物化体现。不同的形态具有不同的意义，分析总结家具的各种形态将有助于对家具形态的创造。

根据形态的来源，我们可以把造型形态作如下划分。

（1）自然形态
自然界中客观存在的各种形态，包括生物和非生物的以及自然的现象。

（2）人造形态
人类利用一定的材料，通过各种加工工具（机械）制造出来的形态，主要来自于对自然形态的照实模仿或受到自然形态的启发概括而成。家具属于人造形态，自然形态在其中的反映几乎无处不在。从古希腊、古罗马风格到巴洛克、洛可可风格，从中国明式家具到西方后现代、新现代风格家具，都可以找到自然形态在家具设计中应用成功的例子。因此，研究自然形态向人造形态的转变是研究家具形态设计的重要维度，也是家具造型设计的基本形式美学法则之一。

自然形态在向人工形态转化的过程中，需要借助一定的载体，即通过一些具体的要素来进行表达。对于家具产品设计而言，自然形态向人造形态转化可以从材料、结构、造型和功能等几方面入手。

4.1.1 点

"点"是形态构成中最基本的构成单位。在几何学里，点是理性概念，形态是无大小、无方向、静态的，只有位置。而在家具造型设计中，点是有大小、方向，甚至有体积、色彩、肌理质感的，在视觉与装饰上产生亮点、焦点、中心的效果。在家具与建筑室内的整体环境中，凡相对于整体和背景比较小的形体都可称为点。在家具造型中，柜门、抽屉上的拉手，沙发软垫上的装饰包扣，沙发椅上的泡钉以及家具的小五金件等，相对于整体家具而言，它们都是以点的形态特征呈现的，是家具造型设计中常用的功能附件和装饰附件。对于现代家具风格、后现代风格的家具设计中，点的应用更不仅仅局限于功能性、装饰性的附加的、二维的设计元素，更是三维的、主体的。

案例
让人产生空间错觉的金属书架

如图4-1所示，这套金属立式书架叫作"雾中"。

书架本身只是简单的金属格子，但背景布满了逐渐增大的圆孔，或纵向变化，或横向变化，给人一种空间立体的错觉效果。

书架有多种颜色选择，但基本为纯色，只靠圆孔大小实现虚实的渐变，就像一道通往虚拟世界的大门，逐渐消失在雾中。

● 图4-1　金属书架"雾中"

4.1.2 线

在几何学的定义里，线是点移动的轨迹。在造型设计上，各类物体所包括的面及立体形态都可用线表现出来，线条的运用在造型设计中处于非常重要的地位。与点的概念相对应，造型设计中的线也是一个相对的概念，指某一具有同样性质的形态相对于它所在的背景或相对于整体而言，在面积、体量上相对较小，在感觉上与几何学中所标定的线的性质相似。例如，椅子的椅腿具有线的特征；柜类家具侧板的端面相对于柜面而言，具有线的特征；某些部件相对于家具整体和家具的其他部件来讲，形体较细长的构件具有线的特征。

线是构成一切物体的轮廓开头的基本要素，线本身具有形态，大致可分为直线系和曲线系两大体系，二者共同构成一切造型形象的基本要素。

线的表现特征主要随线型的长度、粗细、状态和运动的位置有所不同，从而在人们的视觉心理上产生了不同的感觉，并赋予其各种个性。

（1）直线的表现
一般有严格、单纯、富有逻辑性的阳刚有力之感觉。

① 垂直线　具有上升严肃、高耸、端正、雄伟等视觉效果。在家具设计中着力强调的垂直线条，似乎能产生进取、庄重、超越感。
② 水平线　具有左右扩展、开阔、平静、安定等视觉效果。在家具造型常利用水平线划分立面，并强调家具与大地之间的关系。
③ 斜线　具有散射、突破、活动、变化、不安定等视觉效果。在家具设计中应合理使用，起静中有动、变化而又统一的视觉效果。

（2）曲线的表现
曲线由于其长度、粗细、形态的不同而给人不同的感觉。通常曲线具有优雅、愉悦、柔和而富有变化的感觉，象征女性丰满、圆润的特点，也象征着自然界美丽的春风、流水、彩云。

① 几何曲线　给人以理智、明快的视觉效果。
② 弧线　弧线有充实饱满的视觉效果，椭圆体还有柔软流畅之感。
③ 抛物线　有流线型的速度之感。
④ 双曲线　有对称美的平衡的流动感。
⑤ 螺旋曲线　有等差和等比两种，是极富于美感和趣味的曲线，具有渐变的韵律感。
⑥ 自由曲线　有奔放、自由、丰富、华丽的视觉效果。

在家具风格的演变过程中，洛可可风格、索内的曲木椅、阿尔托的热弯胶椅、沙里宁的有机家具等都是曲线美造型在家具中的成功应用典范。

家具造型构成的线条大致可归为3种：一是纯直线构成的家具；二是纯曲线构成的家具；三是直线与曲线结合构成的家具。线条决定着家具的造型，不同的线条构成了千变万化的造型式样和风格。

案例
长"胡须"的长椅

如图4-2所示，采用黑绳点缀，让整个设计充满现代性与舒适性。

●图4-2 长"胡须"的长椅

4.1.3 面

面体现了充实、厚重、稳定的视觉效果，是造型活动中重要的基本构成要素之一。

面是由点的扩大、线的移动而形成的，面具有二维空间（长度和宽度）的特点。

造型设计中的面可分为平面与曲面两类，所有的面在造型中均表现为不同的"形"。

不同形状的面具有不同的情感特征。几何形是由直线或曲线或两者组合构成的图形。直线所构成的几何形具有简洁、明确、秩序的美感，但往往也具有呆板、单调之感；曲线所构成的几何形具有柔软、温和、亲切感和动感。多面形是一种不确定的平面形，边越多越接近曲面，软体家具、壳体家具多用曲线面。非几何形面可产生幽雅、柔和、亲切、温暖的视觉感受，能充分突出使用者的个性特性。除了形状外，在家具中的面的形状还具有材质、肌理颜色的特性，在视觉、触觉上产生不同的感觉以及声学上的特性。

面是家具造型设计中的重要构成因素，有了面，家具才具有实用的功能并构成形体。面的出现主要有4种方式：一是以板面或其他板块状实体形式出现；二是由条状零件排列而成；三是由形面围合而成；四是由线面混合构成。在家具造型设计中，我们可以灵活、恰当地运用各种不同形式、不同形状、不同方向的面的组合，以构成不同风格、不同样式的丰富多彩的家具造型。

案例

"风"屏风设计

东京设计师Jin Kuramoto为瑞典家具公司offecct设计的"风"系列屏风（图4-3），设计师希望屏风能带来"自然之景随处可见，随机、原生态的美"，因此，这一系列屏风，形状各异，从钻石到矩形，它们都用"抽象"的形式，带来了无限想象的美感。五颜六色的树木屏风则让你仿佛置身于森林之中，美不胜收。

"风"选用混凝土底座，金属管撑起织物作为屏风表面。除了用作家用装饰，它也可以用在医院或是大型办公室，嘈杂的环境中，它也能提供一个私密的小空间。

●图4-3 "风"屏风设计

4.1.4 体

按几何学定义，体是面移动的轨迹。在造型设计中，体是由面围合起来所构成的三维空间（具有高度、深度及宽度），体可分为几何形体和非几何形体两大类。

几何体有正方体、长方体、圆柱体、圆锥体、三棱锥体、球形等形态。

非几何体一般指一切不规则的形体。

在家具造型设计中，正方体和长方体是用得最广的形态，如桌、椅、凳、柜等。在家具形体造型中有实体和虚体之分，实体和虚体给人从心理上的感受是不同的。虚体（由面状形线材所围合的虚空间）使人感到通透、轻快、空灵而具透明感，而实体（由体块直接构成实空间）给人以重量、稳固、封固、封闭、围合性强的感受。在家具设计中要充分注意体块的虚、实处理给造型设计节来的丰富变化。同时，在家具造型中多为各种不同形状的立体组合构成的复合型体，在家具中立体造型中凹凸、虚实、光影、开合等手法的综合应用可以搭配出千变万化的家具造型。体是设计、塑造家具造型最基本的手法，在设计中掌握和运用立体形态的基本要素，同时结合不同的材质肌理、色彩，以确定表现家具造型是非常重要的设计基本功。

 案例

摇摆转椅

如图4-4所示，现代时尚的转椅底部是一个可爱的运动型圆弧凸面，它可以任意旋转角度。其内部塞满了膨胀的高分子聚合物和织物材料，外部呈现多孔的金属银色防滑材料。

●图4-4　摇摆转椅

4.1.5 质感和肌理

材质是家具材料表面的三维结构产生的一种质感，用来形容物体表面的肌理。质感有触觉肌理和视觉肌理两种，材质肌理是构成家具工艺美感的重要因素与表现形式。

材质、肌理既是触觉的，又是视觉的：天然木纹的美丽与温暖，金属的坚硬与冰冷，皮革、布艺的柔软，玻璃的晶莹，竹藤的编织纹理……材质肌理不仅给人以生理上的触觉感受，也给人以视觉上的心理感受，引起冷、暖、软、硬、粗、细、轻、重等各种生理与心理的感觉。尤其是家具，与人的接触机会最多，而触觉又是人类最重要的感觉系统之一，因此家具材质肌理美感的触觉设计在家具设计中占有重要地位。

不同的材料有不同的材质肌理，即使同一种材料，由于加工方法的不同也会产生不同的质感。为了在家具造型设计中获得不同的艺术效果，可以将不同的材质配合使用，或采用不同的加工方法，显示出不同的材质肌理美，以丰富家具造型，达到工精质美的艺术效果。

家具材质肌理的处理，一般从以下两个方面来考虑。

一是材料本身所具有的天然质感，如木材、石材、金属、竹藤、玻璃、塑料、皮革、布艺等。由于其材质本质的不同，人们可以根据材质的不同长度、强度、品性、肌理，在家具设计中组合设计、搭配应用。

二是指同一种材料经过不同的加工处理，可以得到不同的肌理质感。如对木材采用不同的切削加工，可以得到不同的纹理效果，径切面纹理通直平行，弦切面呈现直纹到山峰纹的渐变，较美观；对玻璃的不同加工，可以得到镜面玻璃、喷砂玻璃、刻花玻璃、彩色玻璃等不同艺术效果；对竹藤、纺织物等采用不同的穿插经纬编织工艺，可以得到千变万化的编织图案。

案例

岩层插合椅

新艺术运动大师赫克多·吉玛德在岩层椅的形成中起到更加提纲挈领的影响。他强调材料自身的本性，而看得出来，设计师阿玛尔的设计将这一点铭记在心，将材料（波罗的海桦木胶合板）以及功能（美好曲线的椅子）有机结合，桦木胶合板上的纹路更是将椅子的形状给凸显了出来（图4-5）。

尤其值得注意的是，这把椅子的结构。它的灵感来自书立，使用一块木头雕刻，两个部分交锁而成（图4-6、图4-7）。

●图4-5　岩层插合椅　　　　　　　　　　　●图4-6　书立

它的创造得益于五轴数控机床技术，两部分相互叉合锁住的细节是该椅子中最考验设计师的部分，这样的设计也令椅子便于折叠移动（图4-8）。

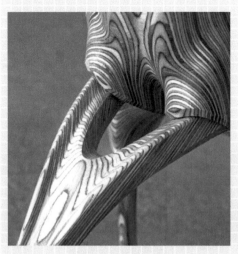

●图4-7　交锁结构　　　　　　　　　　　●图4-8　椅子便于折叠移动

4.2　造型方法

家具设计主要包含两个方面的内涵：一是外观造型设计；二是生产工艺设计。家具造型设计，是家具产品研究与开发、设计与制造的首要环节。

家具造型设计是对家具的外观形态、材质肌理，色彩装饰、空间形体等造型要进行综合、分析与研究，并创造性地构成新、美、奇、特而又结构功能合理的家具形象。在学习和研究上我们把它归纳为造型设计的方法、构成要素、形式美法则等方面内容，分别加以论述。

现代家具设计是工业革命后的产物，它随着科技与时代向前迅速发展，特别是信息时代来临，现代家具的设计早已超越单纯实用的价值。更多新的构形，更加体贴人性和蕴含人文，更加智能化的家具的产生，使家具设计师更多地把创新的焦点集中到家具造型的概念设计方面，尽量使家具的造型具有前卫性和时代感，更加注重造型的线条构成及结构，颜色的运用也更加大胆，材料的应用组合更多，造型可谓千变万化。

家具造型是一种在特定使用功能要求下，一种自由而富于变化的创造性造物手法，它没有一种固定的模式来包括各种可能的途径。但是根据家具的演变风格与时代的流行趋势，现代家具以简练的抽象造型为主流，具象造型多用于陈设性观赏家具或家具的装饰构件。为了便于学习与把握家具造型设计，根据现代美学原理及传统家具风格，我们把家具造型的方法分为抽象理性造型法、有机感性造型法、传统造型法三大类。

4.2.1 抽象理性造型法

抽象理性造型是以现代美学为出发点，采用纯粹抽象几何形状为主的家具造型构成手法。抽象理性造型手法具有简练的风格、明晰的条理、严谨的秩序和优美的比例，在结构上呈现数理的模块、部件的组合。从时代的特点来看，抽象理性造型手法是现代家具造型的主流，它不仅可以利于大工业标准化批量生产，产出经济效益，具有实用价值，而且在视觉美感上也表现出理性的现代精神。抽象理性造型是从包豪斯年代后开始流行的国际主义风格，并发展到今天的现代家具造型手法。

案例

RaFa-Kids 儿童家具 F 型双层床

RaFa-Kids是一家来自荷兰的零售家具公司，由丈夫Arek与妻子Agata共同创立。当他们的两个儿子Frank和Robert出生后，他们便开始研究起儿童家具的设计，希望能给孩子最棒的生活家具。第一次尝试成功之后，他们便更加自信，共同开创了这家小公司。RaFa这个名字浓缩了家庭成员名字的首字母，满满的都是爱的味道。

孩子的床不应该仅仅提供了睡眠空间，它完全可以成为孩子的玩耍区域。这款由芬兰桦木胶合板制成的双层床的下层便为孩子提供了展示、玩耍的空间，他们可以将玩具堆在里面，可以贴上自己的绘画作品和喜欢的海报。双面的楼梯设计使床的摆放更加灵活。RaFa-Kids建议此款设计适合6岁的儿童（图4-9）。

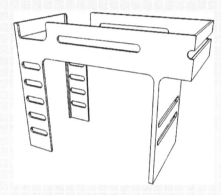

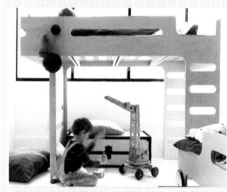

● 图4-9　F型双层床

4.2.2 有机感性造型法

有机感性造型是以具有优美曲线的生物形态为依据，采用自由而富有感性意念的三维形体为主导的家具造型设计手法。造型的创意构思是从优美的生物形态风格和现代雕塑形式中汲取灵感而来。有机感性造型涵盖了非常广泛的领域，它突破了自由曲线或直线所组成形体中狭窄、单调的范围，可以超越抽象表现的范围，将具象造型同时作为造型的媒介，运用现代造型手法和创造工艺，在满足功能的前提下，灵活地应用在现代家具造型中，具有独特、生动、有趣的效果，各种现代材料如壳体结构、泡沫塑料、充气薄膜、热压胶板等的应用，也为各种造型提供了可能。最早的有机感性造型家具是在20世纪40年代由美国建筑与家具大师沙里宁和伊姆斯最早创作并确立了这一风格。

案例

三宅一生的影子灯：时装设计和灯具设计的混搭

日本时装设计师三宅一生为意大利灯具制造商Artemide设计了名为"IN-EI（在日语中的意思为'影子'）"的系列灯具产品（图4-10）。这些灯具由回收的PET塑料瓶做成，收起来可以成为二维平面折纸，展开之后是三维图形。

"IN-EI"灯具产品源于三宅一生的品牌"1325. ISSEY MIYAKE"，在这个品牌系列中，三宅一生和他的现实实验室（Reality Lab）掀起了"一块布"革命，通过数学算法对布料进行了彻头彻尾的革命：首先他们和计算机专家一起构思出三位图形；然后这些图形被折成二维图形，上面有预制的切割线，用以确定最终产品的形状；最后，对产品进行热压处理，制作出有折痕的衬衣、裙子、连衣裙等服饰。除了独特的工艺引人注目外，所采用的PET废料和其他回收材料也是亮点之一。同时这个设计也是三宅一生reality lab "1325. isseymiyake" 2D/3D折叠服装设计研究的延续。

●图4-10 "IN-EI"灯具

4.2.3 传统造型法

　　中外历代传统家具的优秀造型手法和流行风格是全世界各国家具设计的源泉。传统造型方法是在继承和学习传统家具的基础上，将现代生活功能和材料结构与传统家具的特征相结合，设计出既富有时代气息又具有传统风格式样的新型家具。作为设计师，必须了解传统家具丰富多彩的造型形式，通过研究、欣赏、借鉴中外历代优秀古典家具，了解家具过去、现在的造型变迁，清晰地了解家具造型发展、演变的脉络，从中得到新的启迪，为今天的家具造型设计所用。

　　上述3种造型设计方法各有特点，出发点虽然不同，但目的都趋向一致。从现代设计发展潮流来看，抽象理性的造型计划性强，符合时代发展需要，适应现代材料结构特点和大批量工业化生产的需要，而有机感性造型则更活泼自由，更趋于人性化，具有强烈的时代感。

案例

中国明式圈椅的创新应用

　　如图4-11所示，整把椅子是中国明式圈椅的创新应用。椅子的铝制结构部分都是相同的，四腿之上的部件以T字形的形式呈现出五种不同的造型。可以自由组装成适合自己的靠背。

●图4-11　中国明式圈椅的创新应用

4.3 形式法则

一件家具产品的物质功能、设计理念、内涵及价值都是通过一定的形式（Form）来达到并加以表现的。家具实体存在的形式可分为三种：功能形式（Functional Form）；结构形式（Structural Form）；美学形式（Aesthetic Form）。结构形式与美学形式的存在是为使产品实现功能；其中结构形式是承载前后两者的重点设计内容，它应遵循特定的科学技术原理，与良好的材料、工艺性能一致，在达到功能要求的基础上，力求简洁，便于生产，降低消耗，同时应遵循一定的形式审美法则，使产品达到美的形式。在此，形式美与美的形式既有区别，又相互关联。其区别在于：形式美是许多美的形式的综合反映，是各种美的形式所具有的共同特征，既是一种规律，也是指导人们创造美的形式的法则。而美的形式是具有具体内容的，是某个产品实际存在的、各种形式美因素的具体组合。形式美体现的内容是间接的、朦胧的；而美的形式体现的内容是直接的、肯定的、实际存在的。它们之间的联系在于：形式美是对大量事物进行美的形式总结后而得到的，如果没有大量的、客观存在的美的形式，就不可能总结出形式美的规律。由此可见，形式美法则是人们在长期生活实践中，特别是在造型设计实践中通过对大自然美的规律进行概括和提炼，形成一定的审美标准后，又反过来用于指导人们的造型实践活动。

对于家具设计师，工作内容是针对家具产品形式美的设计。产品的形式美不应是消费者简单的审美愉悦，而是要通过自己的工作使工业产品更加符合使用者的生理与心理需求，达到特定的美的形式。而对于使用者，在消费过程中，形式先于内容（功能与结构）作用于视觉并直接引起心理感受，若缺乏基本的形式设计要求，既影响产品功能的表达，也不能使人产生美感。

研究产品造型设计形式美的法则，是为了提高设计师对美的创造能力和对形式变化的敏感度，以便创造出更多美观的产品。由于产品的形式受到功能、材料、结构、设备等具体因素的制约，因而在应用形式美法则时，应遵循不违背材料的特性和结构要求，不影响使用功能的发挥，不违背工艺和设备可行性的原则。下面就从八个方面来进行阐述与分析。

● 图4-12　萨姆·马洛夫设计的摇椅

4.3.1 运动与静止

　　萨姆·马洛夫是美国工艺复兴运动的重要发起人，他以其精湛的手工家具赢得了麦克阿瑟基金会最有威望的"天才巨子"称号。摇椅是他的代表作，一把的售价达12000美元，至少已有三任总统在白宫指定选用他的这款摇椅（图4-12）。从他设计制作的木制摇椅使用时的视觉摇摆状态及其机械运动状况，我们可以获知摇椅的视觉运动效果和触感要归功于设计运动机理。

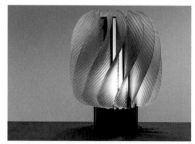

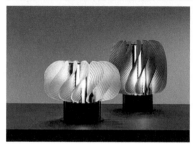

●图4-13　会旋转的玻璃灯具

　　如图4-13所示，这是一款为会旋转的玻璃灯具，其灵感来自以色列的传统舞蹈。设计师设计了30个旋转玻璃灯，尺寸、色彩各异。特别的是，这30个灯会一直慢慢旋转，所以这是一个动态装置。灯具的每一个玻璃片看上去都像是一片叶子，连接到一个旋转电动机上。光源隐藏在中央，会在玻璃叶片上产生渐变照明的效果。

　　家具也可呈现静止状态，如这款由德国的设计师Florian Schmid设计的"缝合混凝土凳子"（图4-14），混凝土布料是浸渍了柔软水泥的布料，它会在水化的过程中变硬，最终形成一个防水防火的并且轻薄的混凝土表面。凳子的边缘是用彩色的线缝合起来收边，彩色的收边线给冰冷的混凝土增添了几分活泼的感觉。这款凳子体现了家具的静止安详感（处于休息时的状态）。运动和静止是家具设计两种截然不同的造型形态。

●图4-14　缝合混凝土凳子

4.3.2 统一与变化

统一与变化是各种艺术与设计创作的最普遍规律。对于家具设计，任何产品的形式美都必须遵循着设计师的巧妙构思，把繁杂的多样（即变化）转化为最高度的统一。

统一与变化是客观的、辩证的存在。现代科学的探索与发展，更深刻地表明整个繁杂的世界都是一个物质的、和谐的有机整体。统一是结果、是目标，也是静态的、相对的、稳定的，变化是过程、是方法，是动态的、绝对的。在人类生活的空间与时间内，一切事物都在遵循一定的变化规律，不断达到不同层次的统一。宏观世界，宇宙间各种物质都是按照万有引力的规律，互相吸引并沿一定的轨道、以一定的速度有规律地运行着，消亡

●图4-15　新石器时代的彩陶纺轮上的"太极"式图案

与诞生不断重复，新的稳定不断产生。微观世界，构成物质基本单位原子的内部结构也是条理分明、井然有序的。日常的自然界中，变化被相对静态化了，因而我们看到的物象总是枝节的、片面的、局部的，生存的本能促使我们去统一、整体的探索问题，以期在意识里对物象有一个静态的、稳定的掌握，甚至可以随着人的要求而变化。而自然界中物象统一、和谐的本质属性，反映在人的大脑中，就会形成美的感知，这种感官愉悦无疑会支配着人的一切创造活动，其中也包括家具设计。任何一个好的设计，它的各部分之间应该是既有区别又有其内在联系的，都力求把变化和统一完美地结合起来，即统一中有变化，变化中有统一，所以在我们日常生活中一切物象欲成其美，在于其是否具有统一性，或者是经过了人的主观控制进行变化后的统一，因而一种美的造型必须具有统一性，这是美的根本原理的作用。如中国的"太极"式图案，在新石器时代的彩陶纺轮上就已出现，太极阴阳、八卦内在的形式也十分明确地体现了"统一与变化"的原理（图4-15）。

在造型设计中，"统一和变化"是一对矛盾体。统一的要求在于设计方案的简洁、整体把握、易于辨识，而变化的要求是设计细节的丰富、多样。良好的处理"统一和变化"，需要设计过程中理性思维和感性思维的复合运用，以及对"度"的熟练把握，它是很重要的形式美构图法则，是产品设计中处理局部与整体之间的统一、协调、生动、活泼等方面形式特征的

重要手段。一般在设计中，应坚持以统一为主，变化为辅，在统一中求变化，变化中有统一的设计原则，以便在最终设计方案中，既能保持整体形态的一致性，又可有适度的变化，否则只有统一而没有变化，易于形成死板、单调感，而且统一的美感也不能持久。变化是刺激的源泉，但必须用某种规律加以限制，否则强调多变，则无主题，视觉效果杂乱无章，陷于认知抵制，所以变化必须在统一中产生。统一与变化在家具形式构图中的应用很广泛，现阐述如下。

4.3.2.1 统一

统一是指性质相像或类似的东西并置在一起，造成一种一致的或具有一致趋势的感觉，是有秩序的表现。就家具设计而言，由于功能的要求及材料结构的不同，导致了部件形体的多样性，如果不加入有规律的统一化处理，结果常常造成家具没有整体的形态。因此，家具设计的一个重要手段，是有意识地将多种多样的不同范畴的功能、结构和构成的诸要素有机地形成一个完整的整体，这就是通常所称的家具造型设计的统一性。在家具造型设计中，统一主要表现在以下几个方面。

（1）协调

① 风格特征的协调　通过某种特定的零部件或造型装饰元素，使各家具间产生某种联系。

② 线的协调　家具整体造型中以直线或以曲线为主。

③ 形的协调　构成家具的各零部件外形相似或相同。

④ 装饰线和木纹线与形的协调　部件装饰线和木纹线与形的长度方向应一致。

⑤ 色彩的协调色　色相与明度应相似。

（2）主从

① 局部的主从　任何一件家具均可分为主要部分和从属部分，即使是组合家具中也可分出主体和从属体。其划分一般以使用功能的主从为原则。如椅子的座面与靠背、写字台的立面和橱柜的立面等都是处于主要部位。在设计时应从主要部位入手，力求主从分明，以便达到视觉和知觉上的集中、紧凑，从而取得整体统一的效果。

② 体量的主从　如果将两个同样大小的长方体放在一起，其中一个立放、另一个倒放，那么较高的立放的长方体即具有支配另一个的视觉感知作用。在设计时，如果用低部位来陪衬高部位要比用高部来陪衬低部位容易收效，同时也有助于加强高体量以便取得主从的统一感。

③ 呼应　家具中的呼应关系主要体现在构件和细部装饰上的呼应。在必要和可能的条件下，可运用相同或相似的构件配置各个不同的局部或形体。使之出现重复，以取得它们之间的呼应。在细部的装饰上，也可采用相似的线型，细部装饰等处理手法，以求得整体的联系与呼应。

4.3.2.2　变化

变化是指把性质存在差异的东西并置在一起，造成比较后产生对重点与规律的把握。在进行家具的形式构图时，除了统一性之外，还必须要有多样性，即变化。变化是家具形式构图中贯穿一切的重要法则，其在家具形式构图中主要体现在对比的应用上。

① 线与线、线与形、形与形的对比　在家具形式构图设计中，所用的点、线、面、体常具有不同的形态语义。由于工艺、材料等造型因素的作用，直线、平面和长方体是传统家具造型中最常用的基本形态元素；而现代家具，特别是后现代风格家具中，弧线、曲线、圆形等在形态中常常可见，进而对比的应用更为多样。所以线与线的对比主要表现为：曲与直、粗与细、长与短、虚与实的对比等；线与形的对比则表现为曲线与直线的对比、或圆形与方形的组合以取得形体上的形态对比；形与形的对比则表现为大与小、方与圆、宽与窄等形状的对比。

② 体量的对比　家具形态设计中，对具有明确分界线的各部件之间体积分置可形成大与小、轻与重、稳重与轻巧的对比，使外形变化更丰富，以便突出主要部分的量感，也可使小的部分显得更为细致、精巧，从而形成造型的主次关系，突出特点。

③ 虚实的对比　家具形态设计中主要表现为凸与凹、实与空、疏与密、粗与细、空间的开敞与半开敞及封闭等关系的对比。虚是指家具产品透明或空透的部位所形成的通透、轻巧感；实是指产品的实体部位所形成的厚实、沉重和封闭感。在设计中，实的部位大多为重点表现的主体，虚的部位起衬托作用。通过虚实形成对比，能使产品的形体表现得更为丰富。

④ 方向的对比　家具设计中方向的对比主要表现为水平与垂直、端正与倾斜、高与低等。其中水平与垂直方向的对比用得比较多。

⑤ 材质的对比　家具设计中材质的对比主要表现为粗糙与细腻、坚硬与柔软、有纹理与无纹理、有光泽与无光泽、天然与人造等。材质的对比一般不会改变产品的形态，但可以加强产品的感染力，丰富人的心理感受。

⑥ 大小的对比　家具设计中利用不同部位形面大小的差异形成对比。常采用较小的形体来衬托一个较大的形体，以便突出重点。

⑦ 色彩对比　家具设计中不同的色彩（色相）、明度、纯度之间可以形成对比，由此产生出整体或局部的冷暖、明暗、进退、扩张与收缩等对比。

案例

Sitskie 曲线木制长椅

　　Sitskie长椅采用纯手工打造，而且长条椅面使用了无数块小木块拼接而成，而这些小木块完全是"活动体"，长椅可根据人体的曲线、坐上去的力量，自适应进行调整，就好像坐在沙发上，而不是一整块硬邦邦的实木。如此设计能更好地适应人体曲线，使人更舒服，相比沙发更容易后期维护（图4-16）。

●图4-16　Sitskie曲线木制长椅

4.3.3 对称和均衡

　　由于家具是由一定的体量和不同的材料构成的实体，因而具有一定的体量感。在家具造型设计中必须处理好家具体量感方面的对称与稳定的关系。

（1）对称

　　对称是指整体中各个部分通过相互对应以达到空间和谐布局的形式表现方法。对称是一种普遍存在的形式美，是保持物体外观量感均衡，达成形式上均等、稳定的一种美学法则。在自然界人们的日常生活中是常见的，如人体及各种动物的正面，植物的对生叶子等。

　　对称的表现形式主要有镜面对称、点对称和旋转对称三种。家具设计中常见的是镜面对称，即以铅垂线（面）为对称线（面）的左右对称，或是以水平线（面）为对称线（面）的上下对称。镜面对称容易得到一种静态的力感和安定的效果，但同时也给人一种呆板的感觉。另外常见的还有旋转对称，就是以一点代替直线作对称中心，将作为原形的主体以一定的角度，如180°、120°、90°、60°等，置于点的周围作回转配列得到的对称图形。一般把180°所得到的图形称为逆对称。旋转对称具有强烈的运动感，逆对称具有丰富的变化因素。

（2）均衡

所谓均衡是指物体左、右、前、后之间的轻重关系趋于稳定，也即平衡。它是以支点为重心，保持异形双方力平衡的一种形式；是对称形式的发展，是一种不对称形式的视觉认知、心理感知的平衡形式。均衡的形式法则一般是以等形等量（即前述的对称）、等形不等量、等量不等形和不等形不等量四种形式存在。

保持设计对象外形的均衡，在视觉上使人感到一种内在的、有秩序的动态美，对纯对称形式更富有趣味和变化，具有动中有静、静中寓动、行动感人的艺术效果。均衡不但包括了对称，而且还是对称形式的发展；由于均衡形式支点两边的力矩是相等的，因此，它实质上又是对称的保持，并隐含了对称的形式法则。可见，对称是最简单的均衡形式。

对称与均衡这一形式美法则在实际运用中，往往是对称和均衡同时使用，有的产品可总体布局用对称形式，局部用均衡法则；有的可总体布局用均衡法则，局部采用对称形式，还有的产品由于功能需要决定了造型必须对称，但在色彩配置及装饰布局中可采用均衡的法则。总之，应综合考虑，灵活应用，以增加产品外观形式上的活泼感。

案例

Seron 边桌

如图4-17所示，这是一款名为 Seron 的边桌，它的特别之处在于支撑桌面的结构，除了一条曲折结构的桌腿，还有一个底面，灵感来自于街头艺人的表演。这种独特的平衡设计，鼓励用户思考其保持直立背后的设计巧思。

●图4-17　Seron 边桌

4.3.4 稳定和轻巧

稳定是指物体上下之间的轻重关系在视知觉上达到平衡。稳定的基本条件是指物体重心必须在物的支撑面以内，且重心越低，越靠近支撑面的中心部位，则其稳定性越大。自然界中的一切物体为了维持自身的稳定，靠近地面的部分在体量上往往重而大。人们已从这些现象中得出一个规律，即重心低的物体是稳定的，底面积大的物体也是稳定的。

（1）稳定

稳定有"物理稳定"和"视觉稳定"两类，前者是指物体实体的物理重心符合稳定条件所达到的稳定；后者是指以物体的外部体量关系来衡量其是否满足视觉上的稳定感。由于家具是处于人们的生活和工作空间中，出于安全的考虑，两种稳定都是至关重要的。家具设计中只考虑物理稳定，往往造成制造成本和视觉心理上的负担，因而视觉稳定成为设计的方法之一，即在物理稳定的基础上，通过视觉稳定尽量达到形态的轻巧感。任何一件家具，要具备稳定而又轻巧的形式美，就必须采用降低视觉重心，增大落地面，多用直线和下大上小的梯形，下部应用深色等增强物体稳定感的方法。一般情况下，在实际使用中物理稳定的家具在视觉上也是稳定的。具体来讲，在实际使用过程中，家具发生不稳定的情况有两种：一是家具的上部构件超出了支撑范围，若上部构件受到一定的外力作用时可能发生倾倒；二是在侧向推力作用下，当家具的物理重心超出其基础轮廓范围时也将发生翻倒。所以在进行家具设计时，应尽量采取措施加强家具的稳定能力。如在结构上，把家具的脚设计成向外伸展或靠近轮廓范围边缘，底部大一点、体量重一点；上部小一点、体量轻一点。另外，在视觉效果上，一是根据实际使用的经验，使其具有底面积大而重心低的特点；二是在线条的应用上，一般选用具有稳定性的线条；三是在体量的位置处理上，应采用下实上虚的位置配置；四是在颜色的应用上，应在下部施用深色加强视觉稳定性。

（2）轻巧

轻巧也是指物体上下之间的大小关系经过配置产生的视觉与心理上的轻松愉悦感，即在满足"物理稳定"的前提下，用设计创造的方法，使造型给人以轻盈、灵巧的视觉美感。在设计上轻巧的实现主要方法有：提高重心、缩小底部支撑面积、做内收或架空处理，适当运用曲线、曲面等手段；同时还可以在色彩及装饰设计中采用提高色彩的明度，利用材质给人以心理联想，或者采用上置装饰线脚等方法来获得轻巧感。

4.3.5 韵律和图案

"韵律"一词的英文为"rhythm"，来源于古希腊单词"thuthmos"，意思是"流畅"。韵律是所有音乐、舞蹈、诗歌和设计的基础。韵律就是在某一特定空间或时间内所有元素形成的结构和秩序感。韵律也可指人们日常活动的时间顺序，如散步和睡眠，也指每月和每季度的生活规律以及生命循环重大事件，如：生、老、病、死。

图案是指物体表面各种元素的组合顺序。它一般由点、线和几何图形组成。韵律和图案在设计中互相依存，是设计作品时需要考虑的重要因素。人们可以根据物质、空间或时间顺序，也就是韵律，了解造型的基础结构。

案例

"深海"餐桌

通过对雕刻玻璃与木材长达一年之久的研究，Duffy london设计小组实现了一种能够惟妙惟肖地模仿三维海形效果的配置方式。玻璃与木片层层堆叠，宛若蜿蜒自然的海洋曲线，生动地再现了广袤湛蓝的海洋美景，给人一种深不可测的神秘与吸引（图4-18）。

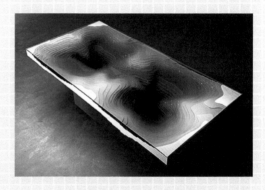

●图4-18 "深海"餐桌

4.3.6 尺度和比例

4.3.6.1 比例

家具具有长、宽、高三者之间的比例，以及家具表面分割的比例，还有构件、零部件之间的比例。即使同一功能的家具，由于比例不同，所得到的艺术效果也会有所不同。而比例形式之所以产生美感，是因为这些形式具有肯定性、简单性与和谐性。可见，良好的比例是求得形式完整、和谐的基本条件。优秀的柜类家具设计多采

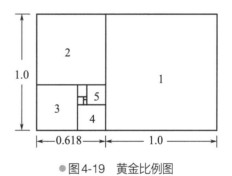

●图4-19 黄金比例图

用具有经典比例关系的矩形作为单元，经调查统计，柜类家具造型设计经常会使用特殊矩形进行产品立面的主要形状分割。家具造型设计中常用的比例有以下几种。

（1）黄金比例

黄金比例也就是人们常说的黄金分割，其长宽比例是1：0.618时最为理想，极具简单性与和谐型，因此被认为是最美的比例，在任何造型设计中都得到广泛的应用（图4-19）。

（2）整数比例

整数比例是以正方形为基础派生出的一种比例。这种比例是由1：1，1：2，1：3等一系列的整数比构成矩形图形。由于正方形形状方正，派生的系列矩形表现出强烈的节奏感，具有明快、整齐的形式美。

如图4-20所示，运用整数比例分割形体，计算便捷，适合模块化设计和批量生产的要求。

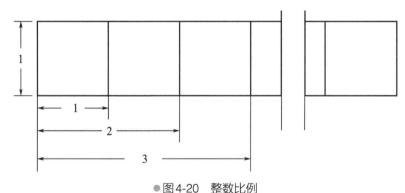

●图4-20　整数比例

（3）均方根比例

均方根比例是在以正方形的一边与其对角线所形成的矩形基础上，逐次产生新矩形而形成的比例关系。其比例为1：$\sqrt{2}$、1：$\sqrt{3}$、1：$\sqrt{4}$等，如图4-21所示，由均方根所形成的矩形系列，数值关系明确，形式肯定，过渡和谐，给人以比例协调、自然和韵律强的美感。

（4）中间值比例

由一系列的数值a、b、c、d等构成的等式为a：b=b：c=c：d就形成了中间值比例系列。用此系列值作为边长所构成的一系列矩形，是之前一个矩形的一边为下一个矩形的邻边，且对角线相互平行推延而成的，它们因具有相似的和谐性而产生美感，如图4-22所示。

比例在家具设计中应用广泛，特别是对那些外形按"矩形原则"构成的产品，采用比例分割的艺术处理方法使家具外形给人以肯定、协调、秩序、和谐的美感。

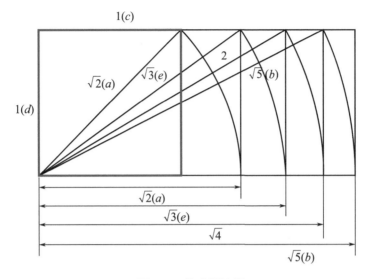

●图4-21　均方根比例

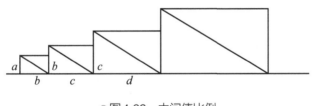

●图4-22　中间值比例

4.3.6.2　尺度

尺度是一种能使物体呈现出恰当的或预期的某种尺寸的特性。家具设计中的尺度是指设计对象的整体或者局部与人的生理结构尺寸或人的特定标准之间的适应关系。

（1）决定尺度的因素

① 人的传统观念　人的传统观念对家具尺度的感觉有着很大的影响，这些传统观念是在人们的文化知识、艺术修养和生活经验的基础上形成的，对家具的部件形式变化和尺寸变化有着一定知觉定式，超出了这个知觉范围，人们就会感到家具过高或过低、过大或过小。

② 空间使用环境　在家具造型处理上要充分考虑家具与空间环境的关系，使之趋于和谐，并以此产生合理的尺度。例如，椅类家具有工作用、生产用、生活用等各种不同的用途，由于使用的空间环境不同，那么所产生的尺度也是不同的。

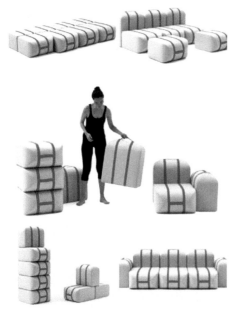

● 图4-23　模块化家具设计

（2）尺度的体现

① 把某个单位形体引入设计中，使之产生尺度。用这些附加的单位形体因素标定家具空间，给人以具体的尺度感，如图4-23所示。

可以看出，由于引入了不同的单位形体，如座垫、靠背等，就犹如有了一个可见的标尺，使家具的尺度能够简单、自然地判断出来，并通过人对这些小单元的感觉和衡量而产生了一种实际的尺寸感。

② 重视家具与人体的尺寸关系。当人们看到一件家具时，最先想到的就是它是否与自己的身体有着恰当的尺寸关系，这种行为促使人体将自身变成衡量家具的真正尺度，如桌椅的高矮、橱柜搁板的高度等是否符合人体的功能和生活习惯的要求。因此，在家具造型设计中尺度感的获得，首先是合理组织家具及其局部的内在空间、外部体量的形式大小；其次是在物质功能和加工工艺的基础上，产生并形成适合于人体习惯和需要的尺度感。

4.3.7 仿生与模拟

大自然永远是设计师取之不尽、用之不竭的设计创造源泉。从艺术的起源来看，人类早期的艺术活动都来源于对自然形态的模仿与提炼。家具是一种具有物质、精神双重功能的产品，在不违背人体工学的前提下，进行模拟与仿生，是家具造型设计中的又一重要手法。

4.3.7.1　模拟

模拟是较为直接地模仿自然形象或通过具象的事物形象来寄寓、暗示、折射某种思想情感。常见的模拟造型手法有以下三种。

（1）整体造型的模拟

家具的整体模拟是在对生物特征较为客观的认知基础上，直接进行产品化的模拟设计。既可以是具象的、直接模拟，也可以通过概括、提炼运用抽象的手法直接再现生物的个性特征。利用整体模拟手法设计的家具形态活泼、可爱，语义清晰、直白，具有较为突出的装饰感和艺术性。

家具整体造型的模拟设计，要求在符合家具的概念及功能、材料、人机操作等构成要素需要的同时，还要保持生物概念和形态的个性特征，尽可能从外而内，从局部细节到整体都能够较好地有机结合、协调统一。

（2）局部造型的模拟

主要运用在家具造型的某些功能构件上，如腿脚、扶手、靠背等，有时也有附加的装饰品。被模拟的对象主要以各种生物为主要表现对象，表现形式既可以为写实，也可利用夸张、抽象等手法。

●图4-24　清乾隆金漆龙纹宝座

在中国传统家具造型中，通常会利用一些动物、植物的造型对家具进行装饰，借以表达各种寓意，如利用中国传统的龙形及龙纹对家具的局部进行装饰。"龙"是中华民族文化的象征之一，在封建帝王时期有着非常严格的禁忌，凡是以"龙形""龙纹"作为装饰的器物，一直被历代帝王所尊崇独享，以示为"真龙天子"的形象，是皇权的象征（图4-24）。

家具局部造型的模拟设计，除了要符合家具的概念及功能、材料、人机操作等构成要素的需要，同时还需要设计师对生物特性有敏锐、透彻的观察力和感知力，以及对生命特征的本质理解和较强的抽象思维能力，同时还要具备较高的形态创造、表现和整体把握能力，使家具造型与生物达到从形式到内容的和谐统一。

（3）结合家具功能构件的模拟

对家具的表面进行图案的装饰与形体的简单加工，这种形式多用于儿童家具或娱乐家具。它将各类生物描绘于板件上，然后对板件外形进行简单的裁切加工，使之与板材表面的图案相符合，然后再组装成产品。如将儿童床的侧面采用汽车的侧面造型，并用各种鲜艳的色彩进行涂饰处理，将车轮饰以黑色，将车身饰以红色或黄色等。这是一种难度最小，最容易取得效果的模拟设计方法。

运用模拟设计手法进行创造性的思维，可以给设计者以多方面的启示与启发，使家具产品的造型具有独特、生动的形象和鲜明的个性特征。

4.3.7.2 仿生

仿生设计是从生物学的现存形态中受到启发，在原理方面进行深入研究，然后在理解的基础上进行联想，并应用于产品设计的结构与形态。

例如壳体结构便是生物存在的一种典型的合理结构。虽然蛋壳、龟壳、蚌壳等这些壳体壁厚都很薄，但却有抵抗外力的非凡能力，设计师便利用这一原理和塑料成型工艺的新技术，制造了许多色彩丰富、形式新奇、工艺简单、成本低廉的薄壳结构的塑料椅。又如充气沙发、充气床垫就是仿照了动物内脏充气结构具有抗压、缓冲作用的原理而设计的。此外，仿照人体结构，特别是人体脊椎骨结构，设计支承人体家具的靠背曲线，使其与人体背部完全吻合，无疑也是仿生原理。

模拟与仿生的共同之处在于模仿，前者主要是模仿某些事物的形象或暗示某种思想情感，而后者重点是模仿某种自然物的合理存在的原理，用以改进产品的结构性能，同时也以此丰富产品造型形象。在应用模拟与仿生的设计手法时，除了保证使用功能的实现外，还应同时注意结构、材料与工艺的科学性与合理性，实现形式与功能的统一、结构与材料的统一、设计与生产的统一，使所模仿的家具造型设计能转化为产品，保证设计的成功。

案例
"Lou Read" 扶手椅

这款椅子由法国设计师 Philippe Starck 设计，拥有着拟人化轮廓。设计师将这款座椅为意大利家具品牌 Driade 重新整修设计，"Lou Read" 的皮革表面直接安装在玻璃纤维框架上，其高耸的椅背和短小的扶手，赋予座椅一种王座的气质（图4-25）。

●图4-25 "Lou Read"扶手椅

05

家具的
材质设计

5.1　材料与形态

家具的材料形态是指由于材料的特性不同使家具具有的不同形态特征。

材料是构成家具的物质基础，同时也是家具艺术表达的承载方式之一。任何家具形态最终必然反映到具体的材料形态上来。

由于技术的发展，能用于家具的材料品种已不胜枚举。传统的家具材料以木材、竹材、石材等自然材料为主，当代家具材料则几乎包括了所有自然材料和人工材料。常见的有木材和各种木质材料、纸材、金属、塑料、橡胶、玻璃、石材、织物、皮革等，各种新型材料如合成高分子材料、合金材料、复合材料、纳米材料、智能化材料等在家具中均有运用。

5.1.1　材料的表面性能基本决定了家具的质感和肌理特征

不同的材料具有不同的表面特性，它们最终会反映到家具的表面形态上。木材的纹理和质感赋予了本质家具自然、生动的本性，金属光洁的表面给予了家具光洁、挺拔的外表，织物和皮革的柔软成就了家具的柔顺和温暖。根据木材的纹理和花纹进行设计的实木家具可以使家具具有强烈的个性和艺术感染力。

5.1.2　材料的物理性能与家具的形状特征具有必然的关系

材料的物理力学性能主要是指诸如材料的密度、质量、规格、热导率、热胀冷缩等物理性能和硬度，强度、韧性等力学性能。这些性能直接影响到家具的造型设计。例如，金属材料尤其是高强度合金材料普遍比木材、木质材料的强度高，因此，可以设计成各种纤细、轻巧的家具形态。人造板材与实木相比，具有较大的规格尺度，可以做幅面较大的规格尺寸设计。塑料材料具有较好的延展性和成型性能，因而可以进行随意的形状设计。结构类材料可用于家具的承重部件，而织物和皮革等只能作为家具的表面覆盖材料。

案例

Pipo 椅

如图5-1所示，这款木质外观的Pipo椅整体采用胶合板材料，外观设计上集合传统扶手椅和座椅的概念。

●图5-1　Pipo椅

Pipo椅的设计目的在于通过单一材料的运用制作一把具有一体视感，并集合舒适性的椅子。外观设计巧妙，一体感轮廓分明，靠背扶手向外延展，座面底脚又向中心收合。透过凹槽和缝隙的移动光线可以观赏到椅子优美的线条轮廓。

设计师采用了独特的工艺来生产这把椅子，对原料进行有意识的识别和运用，也成为此次创作的主要目标。椅子整体由两块胶合板完成，表面涂有水基涂料，29个主要弯曲部分再被分成相互交叠的2～3块，这样的设计使得原材料得到有效的运用。

5.1.3 材质的加工特性决定了家具的现实形态

各种材料用于家具时一般不是直接采用，出于功能和审美的目的，往往经过各种加工才成为家具形态的一部分。而加工技术并不是随心所欲的，受到各种技术条件的限制，也就是说，材料的形态特征并不能完全被反映到家具形态特征上来。这就需要材料的选用者——家具设计师熟知材料的各种加工性能，才能得心应手地使用各种材料。所以，有人说设计师的设计能力在很大程度上取决于他（她）对于材料的运用能力。

经过弯曲处理的木材、金属材料可以塑造各种圆润、动感的家具形态，经过编织处理的竹材可以形成家具形态的韵律感，精心缝制的织物、皮革可以塑造不同的家具肌理。

案例

融合自行车传统手工艺的椅子

如图5-2所示，这款椅子的原型在伯明翰国家展览中心的自行车展会上展出，是为纪念英国自行车传统手工艺而制作的，完美展现了强度、重量和舒适度的平衡。

●图5-2　Randonneur椅子

椅子由合金钢、硬木和皮革制成。冷抽气冷强化合金钢Reynolds 631管材构成了椅子的框架。摇轮由沙比利硬木制成，坚固耐用。椅座、靠背和扶手用英国老牌自行车配件厂商Brooks England生产的优秀皮革制成，舒适又有韧性。

整个作品就是一件手工艺品，英伦风尚和怀旧元素让人感觉仿佛回到了20世纪50年代的英国，生活也因此而升华。

5.1.4 材料的装饰特性影响了家具的装饰形态

材料经过加工和处理可以具备各种装饰效果，这些装饰特性直接或间接地反映到家具形态上。

经过涂饰、雕刻处理的木材部件使木质家具或富丽堂皇，或玲珑剔透，或光彩照人；经过电镀、喷塑处理的金属家具或光洁坚挺，或亲切宜人。

在进行家具造型设计时，选择材料是非常关键的一环。

设计师应该时刻关心材料，发现各种可用的材料，尤其是各种新型材料，时刻构想材料的可能加工途径和用途。

功能设计是选择材料的决定性因素之一。家具与人接触的部位需要温暖柔和、富有亲和力，一些特殊的功能界面（如实验台）的表面需要具有较强的耐化学腐蚀的性能。这些都决定了家具的各个不同的部位需要选择的材料类型，也就决定了它们具有的外观形态特征。

不同的材料往往具有相同的功能特征，这就取决于设计师对材料的熟悉程度，这也是设计师发挥个性的最佳途径。

设计师对材料的敏锐程度也是设计师的能力之一，一些在常人看来非常不起眼的材料在设计师眼中可能是求之不得的"宝贝"。

5.2 常用材质

5.2.1 木材

传统家具的主要材料是木材。木材优良的加工性能使得能工巧匠们对木材极尽能事，也创造出了不同的传统家具艺术风格。

现代家具中，木材和木质材料仍然是家具材料的首选，除了人们对木材的传统使用习惯以及由此而产生的情感外，木材本身的性能起到了决定性的作用。

不同木材材种的材色不同。木材的颜色可以用颜色的三属性即明度、色调、饱和度来表示。一般木材的材色是指心材的颜色。木材的细胞壁和细胞腔内，可含不同颜色的有机物质，如单宁、树脂、色素、树胶、油脂等，而使不同树种心材显现出特征性的材色。材色常因各种因素而有变化。如木材暴露于空气中的表面氧化，气候因子的风化和真菌侵蚀的变质等。这些都会导致木材原色变浅或加深，甚至截然不同。白色木材如鱼鳞云杉、红皮云杉、冷杉、杨木、娑罗双木、白柳桉、白桦、椴木和日本扁柏的边材。红色是一种富有激情的颜色。日本柳杉、日本扁柏的心材、红桦、紫檀类红木、香椿、红豆杉、桃花心木等都呈红色或红褐色。光叶榉、柚木、黄杨木等呈黄色或橙色。乌木、印度乌木显黑色。

木材纹理是指组成木材的纵向细胞排列的情况，有直纹理、斜纹理之别，而斜纹理中又有交错、波状或扭曲纹理之分。木材花纹则是指木材的结构、纹理等在木材纵切面上所表现的图案。不同切面或切割方式产生不同的花纹，弦切面、径切面、横切面上，即使是同种木材，显现出来的木材花纹也各不相同。水曲柳、榉属、榆属、马尾松等，由于早材和晚材致密程度不同，使木材板面出现抛物线或倒"V"字形花纹。杨、柳等属的木材，其弦切面通常不呈现特殊花纹或花纹不明显。木材径向常表现为平行条纹或花纹。

人们常用手接触材料的某些部位，它们给人以某种感觉，包括冷暖感、粗滑感、软硬感、干湿感、轻重感等。这些感觉特性发生在木材表面，反映了木材表面的非常重要的物理性质。木材的触觉特性与木材的组织构造，特别是与表面组织构造的表现方式密切相关。因此，不同树种的木材，其触觉特性也不相同。

木材表面具有一定的硬度，其值因树种而异。通常多数针叶材的硬度小于阔叶材，前者国外称为软材，后者称为硬材。

木材外观有时出现一些缺陷，如节子、开裂、虫蛀孔等。这些缺陷有时成为一种障碍，有时也是一种设计元素。如通过处理木材的开裂，使得木材表面纹理图案更富戏剧性，通过木材节子丰富木材的表面效果。

木材密度，又称容重，以单位体积的质量表示，单位为 g/cm^3 或 kg/m^3。木材密度除极少数树种外，通常小于 $1g/cm^3$。

木材具有多孔性，空隙中充满空气，各空隙虽不完全独立，但空气也不能在空隙间进行自由对流，此外自由电子少也不能形成流畅的热传递。因此，木材是热的不良导体。

绝干木材的电阻率为 $10^{14} \sim 10^{16} \Omega \cdot m$，为绝缘体。随着含水率的升高，木材的电阻率急剧下降，当含水率到达纤维饱和点时，电阻率为 $10^3 \sim 10^4 \Omega \cdot m$；室温下饱湿的木材的电阻率仅为 $10^2 \sim 10^3 \Omega \cdot m$，已属于半绝缘体范围。

木材的声学性质包括木材的振动特性、传声特性、空间声学性质（吸收、反射、透射）等与声波有关的固体材料特性。木材和其他具有弹性的材料一样，在冲击性或周期性外力作用下，能够产生声波或进行声波传播振动。振动的木材及其制品所辐射出的声能，按其基本频率的高低产生不同的音调；按其振幅的大小产生不同的响度；按其共振频谱特性，即谐音（泛音）的多寡及各谐音的相对强度产生不同的音色。

木材抵抗外部机械力作用的能力称为木材的力学性质。

强度是抵抗外部机械力破坏的能力。木材的强度根据方向和断面的不同而异，包括抗压强度、抗拉强度、抗剪强度、抗弯强度等。压缩、拉伸、弯曲和冲击韧性等，均为应力方向和纤维方向为平行时，其强度值最大，随两者倾角变大，强度锐减。

比强度是材料的强度与密度之比。比强度是材料的力学性能与物理性能纠合的一个综合性指标。木材的力学强度较低，其密度比其他结构材料也小，比强度仍然是很高的，往往超过钢铁、铝合金等金属材料。同一强度的不同材料，密度越小，比强度越大。

木材硬度与木材加工、利用有密切的关系。通常是木材硬度高者切削难，硬度低者切削易。影响木材硬度的因素很多，通常多数针叶树材的硬度小于阔叶树材；不同纹理方向硬度也不同，针、阔叶树材均以端面硬度最高，然后是弦面略比径面高；木材密度对硬度影响极大，密度越大，其硬度越大；在纤维饱和点以下，木材的含水率越高，硬度越小；心材的硬度一般都比边材大；晚材的硬度大于早材等。

木材硬度和耐磨性有着各自不同性质特征，前者表示抵抗其他刚性物体压入木材的能力，而耐磨性则是表征木材表面抵抗摩擦、挤压、冲击和剥蚀，以及这几种因子综合作用时所产生的耐磨能力。但是两者之间又有一定的联系，通常木材硬度高者耐磨性大，即抵抗磨损的能力大；反之，则抵抗磨损的能力小。另外，耐磨性还与树种、密度、方向、含水率等有关。

木材受外力作用后，阻止变形（特别是抵抗弯曲变形）的能力，称为刚性，刚性好的木材是难以弯曲的。单位长度实心构件比同重量的空心构件的刚度低。

木材是由无数细胞或管状分子构成，这是木材刚性很高的原因之一。

木材具有自由弯曲并能恢复原形的能力称为韧曲性。韧曲性并不与刚性相对应，指木材无破坏或产生潜在缺点前的最大弯曲能力，它包含韧性及易曲性。韧性是木材吸收能量和抵抗反复冲击荷载，或抵抗超过比例极限的短期应力的能力。易曲性，是指木材受力后易于弯曲而不破损的特性。它与韧性有密切的关系。易曲性与木材的温度和含水率有密切的关系。当干木材温度升高时，易曲性逐渐降低；而湿木材由于温度的升高，其易曲性逐渐加大。因此，在木材加工利用时，用蒸汽处理或在开水中浸泡一段时间，就可以提高它的易曲性，以便进行较大的弯曲加工。

木材的握钉力是指木材抵抗钉子拔出的能力。其大小取决于木材与钉子之间的摩擦力。摩擦力的大小取决于木材的含水率、密度、硬度、弹性、纹理方向、钉子的种类（大小、形状等），以及钉子与木材的接触面积等。

木材的加工性能主要指在现代加工技术条件下，可以使木材的形状、尺寸发生变化的手段和难易程度。木材可以进行锯、刨、铣、钻、车、磨等各种手工加工或机械加工，木材也可以在一定程度上被弯曲或塑造成一定的形状。

家具用木材主要有板、方材。板、方材是指将原木按一定的规格和质量标准加工制成的板材和方材。其规格可参照相关国家标准和市场习惯。

由于木材资源有限，人造板材成为木材的主要替代品。利用原木、刨花、木屑、小材、废材以及其他植物纤维等为原料，经过机械或化学处理制成的板材称为人造板材。

与木材相比，人造板材具有与木材相近似的物理力学性能和加工性能。同时人造板材具有幅面大、质地均匀、表面平整光滑、变形小的特点。经过表面装饰后的人造板，其外观性能与木材媲美。

木材和木质材料是当今家具制造的主要材料类型。

 案例

Forêt桌

来自西班牙的设计师Silvia Ceñal纵观大自然的奇观，发现法国郎德森林里的巨松树干上有粗壮垂直相交的枝条。她尝试着将这些特点融入家居设计之中，设计出这款名为Forêt的桌子（图5-3）。

乍看这款桌子没什么特别之处，近看才会发现其中的奥妙：它最特别的就是桌子各部分组件之间没有任何固定之物，桌腿和横梁巧妙地搭扣在一起，就像郎德巨松的树干和枝条一样，没有累赘之物，轻盈而优雅。

从材质上来讲，这款桌子采用最贴合大自然的原浆木材，颜色和森林里的树干相匹配，将绿植放在桌子上，给人回归自然的感觉。

●图5-3　Forêt桌

5.2.2 塑料

塑料与其他材料相比，是一种新材料，并且随着科技进步，品种越来越繁多，适用于制作产品对材料的不同需求。塑料成型和加工工艺技术也在不断地发展，在家具制造中渐渐占有重要地位。

塑料品种多，特质各有不同，其中以合成树脂为基础的"工程塑料"在家具制造中应用最广泛，它有以下主要特征。

① 质量轻、强度高，便于移动与使用。

② 化学稳定性好。具有较好的抗腐性、耐磨性、耐水性、耐油性。

③ 成型工艺简单。塑料材料可以使用一次性浇注成型，有利于大批量生产，提高生产效率。

④ 色彩丰富，表现力强。塑料材料的色彩极其丰富，工艺技术所带来的表现力也越来越强。

⑤ 较差的耐热性和耐老化性。塑料材料在高温下会熔化，在阳光和空气的长期影响下会变色、开裂、变形等。塑料可以通过和其他材料混合等方法进行改进。

塑料的品种繁多，在家具制造中合适地选择材料至关重要。一般主要考虑以下四个方面。

① 应具有较好的工艺性，易于加工，提高效率。

② 塑料的质地和性能要符合家具的功能要求，满足家具的使用功能。

③ 选择合适的塑料色彩和表面处理，已达到家具所要传达的审美意识和文化内涵。

④ 合适的塑料成本，尽可能地降低成本，达到利益的最大化。

案例

透明椅

日本设计事务所Nendo新推出的透明椅表面上看好像只有靠背和扶手，但它其实是一款包裹着透明塑料薄膜，具有实用功能的椅子。透明材料经常用于包装那些精密仪器或是因震荡或挤压而容易损坏的产品。Nendo却利用了这种材料的高弹性特点来制作椅子，可谓别出心裁（图5-4）。

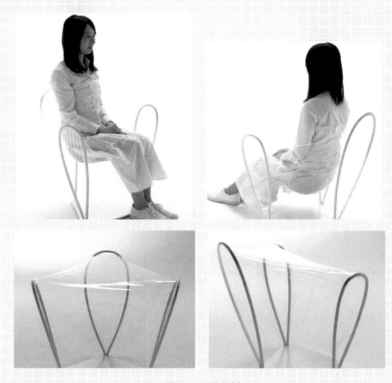

●图5-4　透明椅

5.2.3 金属

　　金属材料成就了金属家具的简练、挺拔、理性等特有的家具艺术风格。常用的金属材料有三种：铸铁、钢材、轻金属合金材料。

　　铸铁质重性脆，无延展性，抗压强度高，抗拉强度低，较钢材更易断裂。铸铁表面呈现丰富的表面效果，自然朴实。铸铁抗氧化能力较强，不易锈蚀。铸铁材料容易铸造，价格低廉，但模具成本较高。铸铁可进行车、刨、铣、钻、磨等加工。

　　公园与剧场中座椅的骨架大多采用铸铁来制造，办公用的转椅和医疗家具亦常用铸铁作为支撑结构的零件。

　　与铸铁材料相比，钢材有较强的韧性、延展性，抗拉及抗压强度均高，因而制成的家具强度大、断面小。

钢材的表面经过不同的技术处理，可以加强其色泽、质地的变化，如钢管电镀后有银白而又略带寒意的光泽，减少了钢材的重量感。不同的钢材可利用不同的技术来处理其表面的色泽、质地，从而产生各种绚丽的装饰效果，例如光彩夺目的金色拉手，点缀在大面积素底的柜门上，增添家具整体形态的生动性，更符合大众的审美情趣。

长时间暴露在空气中尤其是潮湿环境中的钢材表面易发生氧化，即锈蚀。通过表面处理可以改善此状况。如表面镀以不易锈蚀的材料，涂刷油漆，表面覆塑等。

与铸铁材料相比，钢材具有更好的加工性能，能进行弯曲处理和锻造处理。轻金属合金材料的特性是质轻而坚韧，强度大，富于延展性，易于加工。轻金属材料一般具有较好的抗腐蚀性。

轻金属材料的加工性能普遍较好，且加工后的表面效果丰富。如铅及铝的型材，经过机械加工、喷砂、抛光、铅氧化、丝纹处理，能获得高光、亚光或无光效果，处理后的光面精致、细腻、柔和、均匀、光感反射率低，表面光洁美观。

轻金属表面能像钢材表面一样处理，进行多种物理化学处理。

▼ 案例

Lofty 单椅

如图5-5所示，这款椅子有如雕塑品般的梦幻外型，搭配上不锈钢抛光材质，在视觉上、触觉上或乘坐上都予人一股沁入心里的凉意。

●图5-5　不锈钢Lofty单椅

5.2.4 竹藤

（1）竹子

竹子生命力旺盛，分布广泛，也是制作家具常用材料之一。竹材质地坚硬，经久耐用，经过化学处理，变成防虫蛀、防腐蚀的塑性物，并且价格低廉，是非常理想的制作材料。竹材家具风格古朴自然，造型高雅，寓意深远，富有美感。

 案例

竹篾椅子

如图5-6所示，设计师将竹篾编织融入椅子的设计，紧实的椅面与夸张的椅背相互映衬，显得独特个性，自然气息也是十分浓郁。

●图5-6　自然古朴的竹篾椅子

（2）藤材

藤材被广泛应用在家具制作中，因为它坚韧有弹性，耐磨、耐擦，经过处理后表面光洁美观，可以编织成各种丰富的图案。藤材可以绕家具骨架编织成家具，也可以编织成各种坐面和侧面。藤可作为家具的辅助材料，藤芯可做家居的骨架。藤材流畅优雅的线条和朴实无华的质感深受人们的喜爱。

案例
藤条凳子

藤条这种材料通常用于编织篮子和椅子等家具，荷兰女设计师Wiktoria Szawiel设计的藤条凳子也采用藤条制作，但工艺和效果完全不同。

如图5-7所示，我们看到的不是挂面，而是一把藤条凳子。这把藤条凳子采用一个木制底座，上面插满了藤条。一根藤条的力量微弱，但如果很多根在一起就能支撑起上百斤的人体重量。但由于藤条很轻，所有藤条加在一起也还不到1kg。

● 图5-7　藤条凳子

5.2.5 玻璃

现在看起来再平常不过的玻璃材料，当初也只是一个偶然的发现，3000多年前一艘满载着天然苏打的商船因为海水落潮搁浅，船员在岸上用天然苏打作为锅的支架在沙滩上做饭，吃过饭后开始收拾时发现一些晶莹明亮的东西，其实这就是最早的玻璃，是天然苏打和石英砂在火焰的加热下形成的。

后来人们慢慢地用它制作镜子、用在门窗的工艺上，玻璃不易与其他物质发生化学反应，因此也是各类试剂、化妆品储存的绝佳材料。它不仅有良好的实用价值，晶莹剔透的外表也极具观赏性，因此也得到了众多设计师的青睐。

玻璃具有清晰透明、光泽好的特点。玻璃对光具有强烈的反射效应。琢磨成各种角度的玻璃棱面，能产生特殊的折光效果。

玻璃硬度高，耐磨性能好，脆性大，易破裂和折断。玻璃表面光滑。在玻璃制造中加入各种溶剂，可以让玻璃呈现不同的色彩。在玻璃加工中加入各种助剂，可以明显地改善玻璃的强度性能，如钢化玻璃比普通玻璃的强度提高许多倍。采用不同的加工工艺，可以得到各种不同的玻璃制品，如中空玻璃、夹丝玻璃等。熔融状态的玻璃可弯、可吹塑成型、可铸造成型，得到不同形状和状态的玻璃制品。玻璃成品可锯、可磨、可雕。玻璃表面可进行喷砂、化学腐蚀等艺术处理，能产生透明和不透明的对比。

Dinuovo 玻璃制品

由UUfie和Jeff Goodman工作室共同推出的手工吹制玻璃制品，它最有趣的地方在于，外形像极了一个倒立的鸡蛋，依托自身重力保持站立，可当作灯具或者花瓶来使用（图5-8）。

● 图5-8　Dinuovo玻璃制品

5.2.6 织物

与人体接触的部分由弹簧、填充材料等软体材料构成，使之合乎人体尺度并增加舒适度的特殊形态的家具称为软体家具或包裹家具。

其中以藤、绳、布、塑料纺织面料、薄海绵等制作的为薄型半软体结构家具，这些半软体材料有的直接编制在家具的框架上，有的缝挂在家具的框架上，有的单独编制在框架上，再嵌入整体家具框架内。

还有一种为厚型软体结构家具。这个结构分为两部分，一部分为支架，另一部分是以泡沫橡胶或泡沫合成塑料为材料制成的泡沫软垫。

纤维织物在家具设计中应用广泛，它具有良好的质感、保暖性、弹性、柔韧性、透气性，并且可以印染上色彩和纹样多变的图案。纤维织物种类繁多，面料质地、花样、风格、品种丰富，可以供各种不同的消费者使用。因为质地及材料的不同，化学及物理性能差异较大，所以要求设计师熟悉各种纤维材料的性能，根据需要来选择适合的材料。

纤维织物主要分为以下种类。

① 棉纤维织物。具有良好的柔软性、触感、透气性、吸湿性、耐洗性，品种多，广泛应用于布艺沙发和室内装饰中。但弹性较差，容易起皱。

② 麻、革纤维织物。质地粗糙挺括、耐磨性强、吸潮性强，不容易变形，且价格便宜。

装饰效果独特，具有古朴自然之感。

③ 动物毛纤维织物。细致柔软有弹性，耐磨损，易清洗，多用于地毯和壁毯。但毛纤维制品在潮湿、不透气的环境下容易受虫蛀和受潮，并且价格较昂贵。

④ 蚕丝纤维织物。具有柔韧、光泽的质地，易染色。

⑤ 人造纤维织物。用木材、棉短绒、芦苇等天然材料经过化学处理和机械加工制成。吸湿性好，容易上色，但强度差，不耐脏、不耐用。一般与其他纤维混合使用。

⑥ 聚丙烯腈纤维（腈纶）织物。质感好、强度高、不吸湿、不发霉、不虫蛀，表面质地和羊毛织物很相像。但耐磨性欠佳，容易产生静电，所以经常与其他纤维混纺，提高植物的耐磨性，并增加装饰效果，例如天鹅绒就是腈纶的混纺产品。

⑦ 聚酰胺纤维（尼龙、锦棉）织物。牢固柔韧，弹性与耐脏性强，一般也与其他纤维混纺。缺点是耐光、耐热性较差，容易老化变硬。

⑧ 聚酯纤维（涤纶）织物。不易褶皱，价格便宜，能很好地与其他纤维织物混纺。

⑨ 聚丙烯纤维（丙纶）织物。重量轻，具有较高的保暖性、弹性、防腐蚀性、蓬松性等优点，但质感较差，不如羊毛织物，染色性和耐光性欠佳。

⑩ 无纺纤维布。不经过纺织和编制，而是用粘接技术，将纤维均匀地粘成布。

案例

软垫沙发

如图5-9所示，这款形似云朵的软垫，表面采用 takeyari 出品的帆布材质制作，这种帆布自1888年起便因其

●图5-9　软垫沙发

厚度与耐用度闻名于世。软垫可以利用简单的一根绳索组装成柔软舒适的扶手椅或是无腿的模块沙发。

5.2.7 纸板

纸质材料是家具艺术创造的新载体，从纸质材料家具的发展状况入手，纸材家具具有创造、舒适、方便、灵活、实用、美观、节省空间的多功能性和节约材料能源、可持续发展的环保性，纸质材料家具具有广阔的发展前景。

纸质家具的主要材料是牛皮纸、海报、包装纸和木材纤维等，将其收集起来进行化学处理后，再经压缩处理制成坚硬结实的纸板，纸板的强度较高，一般具有较好的抗张强度、耐破度和耐折度等物理性能，通过划样、裁切、刻痕、折叠、粘贴等工序，通常采用胶合、插接、折叠以及借助相应连接件等方式连接、组装成型各种造型，可通过喷涂、手绘、印刷、覆膜、贴面、烫印等多种方式进行表面处理，在形成良好视觉效果的前提下又具有防潮、防污的保护作用。纸板合理的结构设计能满足一定的承重要求，纸板家具实用又经济，回收利用工艺成熟、轻巧、可拆卸、价格便宜，重要的是纸板家具生产有利于节约资源和减少家具生产废物排量，减少甚至避免对环境造成污染，是极具潜力的环保产品。纸质家具的颜色可任意调制，还兼备木材及纺织物的质感，给人以舒适、惬意的感受。

纸板家具是以高强度的厚纸板为基础材料，根据已有的造型设计版式，通过合理的组合方式或利用合理的连接件组装成型的家具，纸板家具的材料选择对纸板家具的造型设计、结构设计、制作工艺起着关键性作用，通常以瓦楞纸板、蜂窝纸板等高强度和加工性能良好的纸板作为纸板家具的基础材料。

瓦楞纸板是一个多层的黏合体，将面纸和里纸，以及两个平行的平面中间夹着通过瓦楞辊加工成波形的瓦楞芯纸黏合而制成瓦楞纸板，使得纸板中呈空心结构，具有较好的弹性和强度，瓦楞纸板以其强度、结构化和加工适应性高以及印刷适应性好等优越性而被广泛应用于包装和纸板家具中。

蜂窝纸板是由高强度蜂窝纸芯和各种高强度的牛皮纸复合而成的新型夹层结构的环保材料，其由两层面纸和自然蜂窝状纸芯中间夹层，通过胶合剂黏合而形成三层结构的纸板，这一点与单瓦楞纸板结构相似。蜂窝纸板的最重要组成部分是中间纸芯，它借鉴的是自然界蜂巢的结构原理，同时通过对特定规格的条状蜂窝原纸采用胶接、拉伸成型和固定等加工工艺制作而成。蜂巢构造形式的纸芯，在很大程度上决定了蜂窝纸板的性能。

除瓦楞纸板、蜂窝纸板外，纸板家具通常以灰底白板纸、草纸板和黄纸板等厚度重量大、挺度好的高强度纸板作为基础材料。但因受纸板幅面以及耐折性能的限制，其适合采用穿插、层叠等结构形式，不宜采用折叠结构。

案例

用瓦楞纸做成的纸老虎板凳

如图5-10所示，"纸老虎"是由全才设计师Anthony Dann设计的一款可打印、可进行品牌定制，而且非常结实的凳子。这款凳子采用普通的瓦楞纸制作，完全采用扁平化设计，运输和组装都非常简单。

虽然这款凳子最初是专为临时活动和产品发布会设计的，但是也还可以把它当作一件普通家具，摆在家里、办公室里或者咖啡馆里。环保、简单、扁平化设计，结实，有趣。

● 图5-10 用瓦楞纸做成的纸老虎板凳

5.2.8 陶瓷

陶瓷通常指以黏土为主要原料，经原料处理、成型、焙烧而成的无机非金属材料。普通陶瓷制品按所用原材料种类不同以及坯体的密实程度不同，可分为陶器、瓷器和炻器三大类。

（1）陶器

陶器以陶土为主要原料，经低温烧制而成。断面粗糙无光，不透明，不明亮，敲击声粗哑，有的无釉，有的施釉。陶器根据其原料土杂质含量的不同，又可分为粗陶和精陶两种。烧结黏土砖、瓦、盆、罐、管等，都是最普通的粗陶制品；建筑饰面用的彩陶、美术陶瓷、釉面砖等属于精陶制品。

（2）瓷器

瓷器以磨细岩粉为原料，经高温烧制而成。坯体密度好，基本不吸水，具有半透明性，产品都有涂布和釉层，敲击时声音清脆。瓷器按其原料的化学成分与工艺制作的不同，分为粗瓷和细瓷两种。瓷质制品多为日用细瓷、陈设瓷、美术瓷、高压电瓷、高频装置瓷等。

（3）炻器

炻也称半瓷或石胎瓷，其吸水率介于陶和瓷之间。炻器按其坯体的细密程度不同，分为粗炻器和细炻器两种。建筑饰面用的外墙面砖、地砖等属于粗炻器；日用器皿、化工及电器工业用陶瓷等属于细炻器。

案例

三头怪台灯

如图5-11所示，炽器（Cast stoneware）打磨成一体化的灯体，光滑圆润。管状灯体上的黄铜线圈调节了一体化的单调。每个灯头下安装了一个3.5W的LED灯。底座尾部有一个很小的金属开关可以控制。相比塑料材质或者金属材质的台灯，这款台灯更有质感。抛光的炽器台灯光滑可爱，不抛光的显得很质朴。

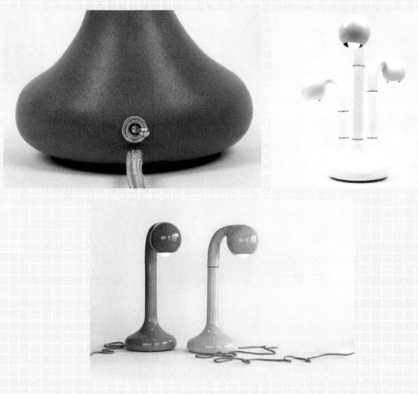

●图5-11　三头怪台灯

5.2.9 石材

石材是一种传统天然材料。天然石材是从天然岩体中开采出来加工成型的材料总称。

常见的岩石品种有花岗岩、大理石、石灰岩、石英岩和玄武岩等。

天然石材中应用最多的是大理石，它因盛产于云南大理而得名。纯大理石为白色，也称汉白玉，如在变质过程中混进其他杂质，就会出现不同的颜色与花纹、斑点。如含碳呈黑色；含氧化铁呈玫瑰色、橘红色；含氧化亚铁、铜等呈绿色等。

天然石材一般硬度高，耐磨，较脆易折断和破损。

天然石材资源有限，加工异型制品难度大、成本高。而人造石材则较好地解决了这些问题。

人造石材是利用各种有机高分子合成树脂、无机材料等通过注塑处理制成的在外观和性能上均相似于天然石材的合成高分子材料。根据使用原料和制造方法的不同，人造石材可以分成树脂型人造石材、水泥型人造石材、复合型人造石材、烧结型人造石材。

案例
2018年意大利米兰家具展——现代创新设计唤醒1.5亿岁的大理石

意大利CITCO擅长挖掘世界上最古老的材料——大理石，从而寻找其中未被发掘的东西。与CITCO合作大理石地毯的法国建筑师JeanNouvel这样形容大理石："我喜欢大理石，因为它是从我们地球的深处挖掘出来的。从侏罗纪时期起，在1.5亿到2亿年前，它暗示着这个星球正在融合。我要向这些已经活了1.5亿年的碎片致敬，它还将以艺术作品的形式继续生存下去，我认为这正是艺术作品的基础，而这些艺术品还有待于展示。在这个合成材料的世界里，能够把你的脚放在永恒的碎片上是一件令人安心的事情。"

装饰地板大理石地毯与难以置信的视觉影响是CITCO的创新想法：大理石、其他珍贵石材和金属结合在一起，形成复杂的镶嵌，向人们呈现出意想不到的对称和迷人的装饰图案，而孔雀羽毛大理石地毯则以一种近乎催眠的方式吸引了观察者的注意（图5-12）。

飞翔的苍鹭大理石地毯是对亚洲灵感系列的当代解读，它结合了自然元素和精确的几何图形。CITCO将前卫和优雅、模块化设计和易变性、坚固性和活力相结合的同时，唤起了遥远的东方氛围（图5-13）。

●图5-12　孔雀羽毛大理石地毯　　　　　●图5-13　飞翔的苍鹭大理石地毯

促成CITCO品牌成功的因素很多，而这些奇妙的装饰作品所能提供的体验却是与众不同，独一无二的：不仅满足了感官享受，而且传递了热情、激情和独特的吸引力。

CITCO通过最现代的语言，证实了它在塑造一种简单的、静态的材料——大理石，而唯一的限制就是想象力，只有想不到，没有做不到。如图5-14所示，这是一组以大自然为灵感的设计作品，豹纹、鳄鱼纹、植物等元素被CITCO信手拈来。

●图5-14　以大自然为灵感的设计作品

大理石镶嵌非常考验工匠的能力，首先是在平整的大理石板上画出所需的图案，然后将需镶嵌的部位雕刻出凹陷，再将需要镶嵌的材料填进凹陷部位并粘合。

镶嵌的图案将根据光线的不同而改变颜色。CITCO的设计师和工匠们用巧思和精湛的手工艺让坚硬的大理石呈现出多变而自然的面貌，并使其触觉犹如空间的皮肤一样光滑细腻。图5-15所示为CITCO的一些家具设计作品。

● 图5-15　CITCO家具设计作品

5.2.10 皮革

（1）动物皮革

动物皮革是高级家具常用的材料，主要有牛皮、羊皮、猪皮、马皮等。动物皮透气性、耐磨性、牢固性、保暖性、触感等比较好。好的动物皮革手握时感到紧实，手摸时感到如丝般柔软。制作皮质家具要求质地较均匀柔软，表面细致光滑又不失真。

（2）复合皮革

复合皮革是用纺织物和其他材料，经过粘接或涂覆等工艺合成的皮革，主要有人造革、合成革、橡胶复合革、改性聚酯复合革、泡沫塑料复合革等。复合皮革外表很像动物皮革，并且具有价格便宜、易于清洗、耐磨性强等优点，在家具制作中广泛运用。但是，复合皮革不透气、不吸汗、易老化、耐久性差，一般作为中低档产品材料。

 案例

皮革座椅

如图5-16所示，这把椅子采用了椅子最原始简单的结构，金属支架搭配木腿。座位和靠背部分包裹上全天然的皮革，在交接处进行缝线，使这把座椅有了柔和的温度，并且保持了一种古朴原始的美感。

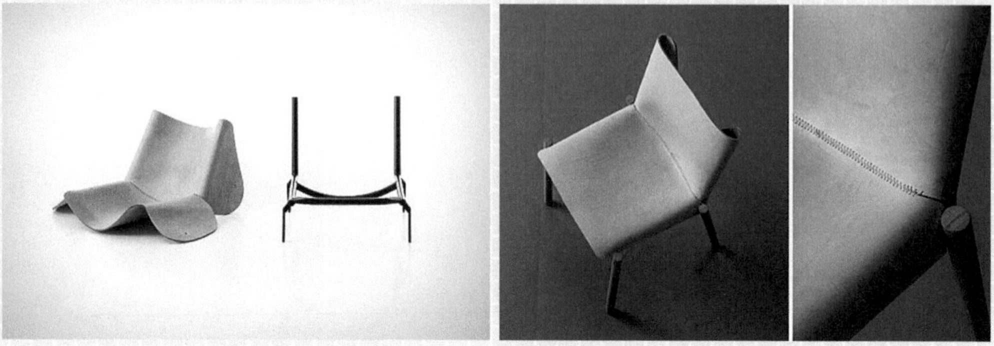

●图5-16　皮革座椅

5.3　材质的组合应用

5.3.1 木材 + 金属——冷与暖的调和

木材+金属的组合，这对材料的混合应用可谓是相辅相成，自然清新的木材配上工业化冷血的金属。既让木材这种材料显得更加坚固牢靠，且让冰冷的金属显得柔和亲人。当然，金属和木材的连接方式也是值得我们去思考的（图5-17）。

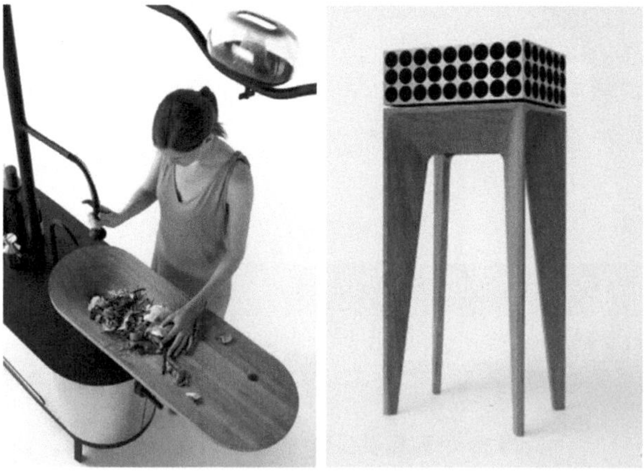

●图5-17　木材+金属家具

5.3.2 纺织品 + 木材——家的味道

纺织品+木材的组合是家居界最常使用的一对组合。五彩多变的纺织软材料配上自然清新的木质硬材料，最能营造一种家的温馨感，当然，通过设计师对于材料的理解，也常会出现一些不同常规令人惊艳的产品（图5-18）。

●图5-18　纺织品+木材家具

5.3.3 木材 + 水泥——当大自然邂逅城市

木材+水泥的组合，这对材料的混合会产生一种冥思宁静的感觉。温暖柔软的木材配上冰冷沉稳的水泥，就像大自然遇上了城市，两者间产生了一种奇妙的化学反应，一切显得浑然天成。此类组合多用于家居类产品中，是一种中性的搭配方式（图5-19）。

●图5-19　木材+水泥家具

5.3.4 塑料＋木材——清新自然的夏日感觉

塑料+木材的组合，木材的材质带给人们自然清凉的感受，而再配上白色或彩色的塑料，那么夏日清新的感受就轻易地被营造出来了。所以，这个组合常被用于北欧风格的简约家居设计中。当然，木材与塑料结合处的细节，也是需要格外注意的（图5-20）。

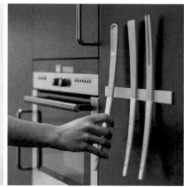

●图5-20　塑料＋木材家具

5.3.5 陶瓷＋木材——治愈系组合

陶瓷+木材，最亲近皮肤的两种材料，简洁不失细节，整体不失质感，二者搭配，是对"慢生活"最好的诠释，忙了一天，放慢自己，坐下来，安静得只能听到自己的呼吸声，这种小幸福是对都市生活最好的治愈（图5-21）。

●图5-21　陶瓷＋木材家具

5.3.6 水泥＋金属——冰冷的优雅

和水泥这种材料的结合，一般都适用于家居类产品，所以金属也不例外。而在这其中，金属又常以线性的形式和水泥搭配，因为这样可以形成一种厚重和轻盈的对比，产生一种独特的设计感。可以说这个组合不仅给家居设计行业带来了新的形式，更是带给喜欢宁静深沉的家庭一种冰冷的优雅（图5-22）。

●图5-22　水泥＋金属家具

5.3.7 塑料＋金属——科技与品质的融合

塑料＋金属的组合，因为这两种材料的应用都是在工业化进程中出现的，所以这个组合会显得如此自然和谐，让人有一种现代感、科技感甚至品质感的视觉体验，当然，这也解释了它们为何常出现在苹果的产品系列中（图5-23）。

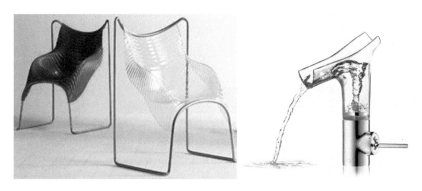

●图5-23　塑料＋金属家具

5.3.8 纺织品＋金属——营造高品质的震撼视觉

纺织品＋金属，这两种材料一刚一柔、一冷一暖，虽然看似两者不相容，但是只要运用合理、恰当，这种对比会给人一种视觉上的震撼。就像之前介绍的塑料＋金属的组合一样，好的纺织材料和金属搭配也同样会产生一种品质感，所以它们多用于一些高档家居产品或音响产品上（图5-24）。

● 图5-24　纺织品＋金属家具

5.4　家具材质的创新发展案例

从材料到样式，每一年设计都在变，为的是能够寻找到新的能够让人生活舒适的方式；而这些新品的到来，不仅仅是材质的演变，更是创意的延伸，因为有设计，生活更美好！

5.4.1 麻与有机黏合剂制成家具

organico 系列座椅采用的材质是利用传统与可再生资源开发出一种全新的创新材料，促进了人们以可持续方式对物质性以及产品寿命周期进行再思考。

设计师使用了氢氧化钙与酪蛋白组合成黏合剂，再将麻纤维与软木压缩成固体形态。经过广泛研究设计者最终找到了"三明治"形态的最佳结构组合方式,即利用麻纤维垫做盖子,核心部分加入麻软木,这样的结构具有稳定同时质量轻的突出优势(图5-25)。

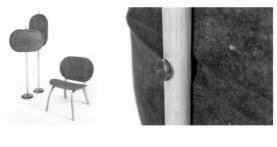

该系列产品以一种独特且有目的性的方式保留了资源本身陈旧的特征,同时又用清晰明确的设计让感官感受不至于消失。项目的意义还在于利用多种加工方式进行实验,用一种材料引入全新的可持续利用方法,家具色彩来自直接加入黏合剂中的天然染料,为节约制造成本,座椅的两个模压组件被设计为完全相同的形态。

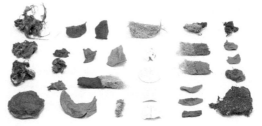

● 图5-25 麻与有机黏合剂制成家具

5.4.2 由回收材料打造而成的 AXYL 家具系列

AXYL家具系列是由设计师采用"A"字形框架与中世纪环绕式外壳组合,打造的一套与众不同的创新性椅子(图5-26)。

● 图5-26 AXYL家具系列

这些椅子的外壳、凳子的座位以及咖啡桌的桌面均由不同的回收材料打造而成，将对环境的影响降到最低，包括了回收的木制纤维、翻造的木材以及再利用的尼龙等，为家具行业中废弃产品的再利用提供了有效的方式。

椅子采用了独特的回收压铸铝制"Y"字形框架剪影，并与顶部柔软的几何注塑外壳相结合。它所用的回收铝制材料，其能量消耗仅仅是打造新铝的5%，同时大大节约了成本。

5.4.3 雕塑式现代风格餐桌

这件名为"ordinal"系列的雕塑式现代风格餐桌，将设计师Michael Anastassiades最具代表性的金属加工工艺与Cassina特有的木工工艺结合在一起。桌子的实木、胶合板或涂漆桌面与铝制或木质桌腿形成对比，四条桌腿分别沿对角线方向设置，刚好在桌子结构承受极限的范围之内（图5-27）。

具体而言，每条桌腿分别位于桌子的四角，标明了桌面的基本范围。而桌腿45°的方向则用来将强度增至最大，同时这种几何形态能够将人们的注意力转移到桌子边沿。这种独特的位置关系也创造出一种视错觉，根据观察角度不同产生有趣的变化。从某个角度看，桌

● 图5-27　雕塑式现代风格餐桌

腿既是纤薄的同时又是厚重的。桌腿主要采用铝材制成，其物质性与表面处理不断发生变化，使得色彩与对比之间的互动进一步增强。

设计者在不牺牲设计的前提下保证了结构的强度与稳定性,设计者在木材内部不露痕迹地加入了金属机械装置以支撑超大面积的桌面。

5.4.4 用磁力创造的座椅和花瓶

2018年米兰设计周期间，东京的we+设计工作室推出了名为"swarm"的一系列座椅与花瓶，全部采用钢材骨料制作而成。

令人惊奇的是，设计师利用磁力特性创造出形态结构，目的是设计出一种创造形态的流

程而不是直接制造出现成产品。直径1.2mm、长15mm的钢丝的方向、密度和交叠方式全部由磁性框架结构控制，最终形成不可思议的有机形态表面（图5-28）。

●图5-28　用磁力创造的座椅和花瓶

5.4.5 零浪费的Zero Per Stool凳

Hattern设计工作室一直专注于木材下脚料的循环利用，这款名为Zero Per Stool的凳子（图5-29），采用木材废料和树脂为原材料制成，设计师们希望创造一款零浪费的家具。

这款Zero Per Stool凳的凳腿雏形是从木材废料上切割下并收集起来之后再用树脂浇灌，然后冷却使其变硬。一旦树脂固化，就得到了一个坚硬的木材和树脂的混合体，接着再进行切割、抛光出凳子的凳面。最终，每一款凳子都有着独特的表面，这取决于在浇灌树脂之前如何放置木材。

●图5-29　Zero Per Stool凳

06

家具的装饰设计

家具装饰就是对家具的局部或整体进行美观化处理。它必须基于家具的功能和造型设计。虽然也属于家具设计的范畴，但设计范围多局限于家具的表面或线脚等局部。而在家具设计中，仅考虑这些装饰本身没有太大的实际意义，只有将装饰与产品的造型、功能、材料、工艺、文化内涵、风格特征，甚至生产效率、市场利润等因素综合在一起思考，才能体现或突显装饰设计的价值。也正是由于家具装饰设计的上述"附属性"，其设计更应遵循家具设计的原则、方法和步骤。在此，仅对其从内容等方面进行简单的归纳分析。

6.1　装饰概述

日常生活中，装饰具有动词和名词两种语义：作为动词，它表示一种行为或活动，是动态的，指行为的过程，如使用一定的材料装饰室内空间等；作为名词，它表示活动的结果或分类，是静态的，如装饰画、装饰品、装饰艺术等。装饰又具有广义和狭义两重含义：广义的泛指装饰现象和活动；狭义的则指具体的装饰品类、图案、纹饰等。总之，装饰就是在物体（或身体）表面增加附属的东西，使之美观。

装饰心理和行为作为人类特有的艺术禀赋和智慧，来自人类本性的强烈需求，也是人类不断发展的必然产物，是人们不断创造、使客观世界充满变化、增益、更新、美化的活动。

装饰作为一种艺术方式，以秩序化、规律化、程式化、理想化为原则，创造合乎人的需要、与人的审美理想相和谐的美的形态。它既是一种艺术形式，又是一种艺术方式和艺术手段。作为艺术形式，它可以是一种纹样、一个符号；作为艺术方式或手段，人通过装饰的使用和操作将装饰对象人性化或主观化。

装饰艺术的表现形式多种多样，而最主要、最普遍、最广泛的表现形式是图案。图案基本上是个外来词，指为达到一定目的而进行的设计方案和图样，在这一意义上，可以把图案分为平面图案和立体图案两类，从应用上分为基础图案和工艺图案两类。图案一般表现在装饰纹样的形式上。纹样即纹饰，指按照一定的造型规律和原则，经过抽象、变化等造型方法而规则化、定型化的图形，并予以一定的社会文化内涵。它的构成要素是由节奏、对称、比例等抽象反映形式所组成。任何形式的纹样从一般意义上而言，均是一种符号，都是对自然事物、原有物象的再造化表现，并且还要有所变形，如夸张、反复、增略等，以适应图案具体应用的要求。纹样的形式或装饰还包括有各种各样的寓意性和象征性，不同时期的表现形式往往受到其表达内容的制约，这也说明，作为以形式美、装饰性为主要功能价值的纹样，实质上是一种兼顾与统合的产物。

6.2 家具的装饰类型

家具装饰就是对家具形体表面的美化。一般说来，由功能所决定的家具形体是家具造型的主要方面，而表面装饰则从属于形体，附着于形体之上，但家具表面装饰也决非可有可无。对于传统家具而言，装饰十分重要，现代家具也是如此，只是装饰的形式不同而已。好的装饰能强化消费者对产品的印象，增强产品的美感。在同一形式、同一规格的家具上可以进行不同的装饰，从而丰富产品的外观形式。但是不论采用何种装饰都必须与家具形体有机地结合，不能破坏家具的功能结构和整体外观。

家具装饰可简可繁、形式多样。在装饰手段上有手工的方式，也有机械的方式，在所使用材料上有天然材料，也有人造材料。有的装饰与功能零部件的生产同时进行，有的则附加于功能部件的表面之上。总之，家具的装饰类型多种多样，具体归纳如表6-1所示。

表6-1　家具的装饰类型

家具的装饰类型											
功能性装饰							审美性装饰				
五金件装饰	玻璃装饰	软包装饰	贴面装饰	灯光装饰	涂饰装饰	商标装饰	雕刻装饰	镶嵌装饰	线型装饰	烙花装饰	绘画装饰	镀金装饰

6.2.1 功能性装饰

家具的功能性装饰是指既是构成家具所必不可少的功能构件，又能起到良好的审美效果的装饰形式。

6.2.1.1 五金件装饰

从古到今，五金件都是家具装饰的重要内容。如在明代家具中，柜门的门扇上常用吊牌、面页和合页等进行装饰，形成了明式家具的一大装饰特征。这些五金件常用白铜或黄铜制作，造型优美，形式多样。而现代家具随着各种新型五金件的不断开发应用，呈现了从脚轮、铰链、活页、拉手、连接件到沙发上的起泡钉等应有尽有，形成了丰富多彩的五金件形式和装饰内容（图6-1）。

●图6-1　连接固定用的五金件

6.2.1.2　玻璃装饰

　　玻璃在现代家具中应用广泛，既有实用功能，又有装饰效果。在几类家具中可以作为几面，在柜类家具中既可以挡灰，又可以形成虚隔断，展示陈设装饰品。茶色玻璃和灰色玻璃具现代感，带图案的玻璃更具装饰性，玻璃的应用可以大大丰富家具的色彩和肌理（图6-2）。

●图6-2　"反重力"桌玻璃桌面

6.2.1.3　软包装饰

　　软包家具在现代生活中的比例越来越大，用织物装饰家具也显得越来越重要。织物具有丰富多彩的花纹图案和多样的肌理。织物不仅用于软包家具，也可以用于与家具配套使用的台布、床罩、围帐等形式，给家具增添色彩，使居室色调、风格相统一，更加协调。

案例

如云朵的床 Kulle Daybed

　　如图6-3所示，不规则突起的泡泡组成了床面，让你有一种忍不住躺上去滚一滚的冲动。而不规则的泡泡仿佛是一朵朵云彩，围在你的身边，很好地贴合身体，给你带来舒适安全的睡眠。设计师的立意是希望通过他的设计来唤起使用者的安全感和舒适感，而这款床恰恰可以很好地与它的主人通过感官的交流建立起感情。

●图6-3　Kulle Daybed

121

● 图6-4　橡木贴面黑檀木柜

6.2.1.4　贴面装饰

贴面装饰是对劣质家具基材表面美化的一种常见工艺方式，多用珍贵薄木、印刷装饰纸、合成树脂浸渍纸或薄膜装饰等（图6-4）。

① 薄木贴面装饰　将用珍贵木材加工而得的薄木贴于人造板或直接贴于被装饰的家具表面，这种装饰方法就叫作薄木贴面装饰。用这种方法可使普通木材制造的家具具有珍贵木材的美丽纹理与色泽。这种装饰既减少了珍贵木材的消耗，又能使人们享受到真正的自然美。

根据加工工艺和装饰特征的差异，常用的薄木有三种：一种是用天然珍贵木材直接刨切得到的薄木，称天然薄木；另一种是将普通木材刨得的薄木染色后，将色彩深浅不一的薄木依次间隔同向排列胶压成厚方材，然后再按一定的方向刨切而得的薄木，称再生薄木，再生薄木也具有类似某些珍贵木材的纹理和色彩；还有一种是用珍贵木材的木块按设计的拼花图案先胶拼成大木方，然后再刨切成大张的或长条的刨切拼花薄木，称为集成薄木。

薄木贴面装饰比较普通的方法是将同种材料的薄木粗略进行选配拼宽后直接贴于待装饰板材表面上。但为了进一步增强家具表面的美观效果，高档家具的贴面都会经过精心的拼花处理，一方面是利用相同材种的木纹对比形成图案；另一方面是将有色差的不同材种薄木拼在一起，利用色差和木纹的对比形成更加突出的拼花图案。所拼图案有几何形状，也有自然的花叶形状。

② 印刷装饰纸贴面装饰　用印有木纹或图案的装饰贴于家具基材人造板或木材表面，然后用树脂涂料进行涂饰，这种装饰方法就叫作印刷装饰纸贴面装饰。用这种方法加工的产品具有木纹感和柔软感，也具有一定的耐磨性、耐热性和耐化学污染性，多用于中低档家具的装饰。

③ 合成树脂浸渍纸或薄膜装饰　这种方法是用三聚氰胺树脂装饰板（塑料贴面板）、酚醛树脂或脲醛树脂等不同树脂的浸渍木纹纸、聚氯乙烯树脂或不饱和聚酯树脂等制成的塑料

薄膜等材料，贴于人造板表面或直接贴在家具表面的装饰方法，是目前国内外应用比较广泛的一种中、高档家具的装饰方法，装饰纹理、色泽具有广泛的选择性。

④ 其他材料贴面装饰　家具的贴面装饰除了应用上述材料进行贴面外，还可以用许多其他材料进行贴面装饰，如纺织品贴面、金属薄板贴面、编织竹席贴面、旋切薄竹板（竹单板）贴面、藤皮贴面等使家具表面色泽、肌理更富于变化和表现力。

6.2.1.5　灯光装饰

在家具内安装灯具，既有照明作用，也有装饰效果，在现代家具中已屡见不鲜，如在组合床的床头箱内，组合柜的写字板上方，或玻璃陈列柜顶部均可用灯光进行装饰。

如图6-5所示，Morfeo沙发床的特色之一就在于那两个触角，专为床上阅读服务，内部采用聚氨酯材料，外面则采用弹力织物。框架内部容纳一个非常容易折叠的床垫，除此之外，两个触角上的灯光可通过开关进行调节。

●图6-5　Morfeo沙发床

6.2.1.6　涂饰装饰

涂饰装饰是将涂料涂饰于家具表面形成一层坚韧的保护膜的装饰方式。经涂饰处理后的家具，不但易于保持其表面的清洁，而且能使木材表面纤维与空气隔绝，免受日光、水分和化学物质的直接侵蚀，防止木材表面变色和木材因吸湿而产生的变形开裂和腐朽虫蛀等，从而提高家具使用的耐久性。涂饰装饰主要有以下三类。

① 透明涂饰　透明涂饰是用透明涂料涂饰于木材表面。透明涂饰不仅可以保留木材的天然纹理与色彩，而且通过透明涂饰的特殊工艺处理，使纹理更清晰，木质感更强，颜色更加鲜艳悦目。透明涂饰多用于名贵木材或优质阔叶树材制成的家具。

② 不透明涂饰　不透明涂饰是用含有颜料的不透明涂料，如各类磁漆和调和漆等涂饰于

木材表面。通过不透明涂饰，可以完全覆盖木材原有的纹理与色泽。涂饰的颜色可以任意选择和调配，所以特别适合于木材纹理和色泽较差的散孔或针叶材制成的家具，也适合于直接涂饰用刨花板或中密度纤维板制成的家具。

③ 大漆涂饰　大漆涂饰就是用一种天然的涂料对家具进行装饰。大部分为生漆和精制漆，生漆是从一种植物——漆树的韧皮层内流出的一种乳白色黏稠液体。生漆经过加工处理即成为精制漆，又称熟漆。大漆具有良好的理化性能与装饰效果。现在，大漆已十分珍贵，用于日常家具的比较少，多见于供外贸出口的工艺雕刻家具和艺术漆器家具及木质装饰品的装饰（图6-6）。

●图6-6　采用马丁清漆（Vernis Martin）的家具

6.2.1.7　商标装饰

商标是区别不同生产者或不同产品的商品标志，通常由文字、图形组成。定型产品都有自己的品牌，即商标或标志，商标是根据产品的特征和企业文化内涵而精心设计的，本身有很好的美感，能起到特别的识别作用和装饰作用。商标的突出不在于其形状和大小，主要在于装饰部位的适当和设计的精美。商标图案的设计要简洁明快，轮廓清晰和便于识别。家具中用的商标高档的多采用铜或其他合金材料冲压，再进行晒板染色或氧化喷漆处理，也有直接在家具适当部位进行平刻处理；而低档的一般采用铝皮冲压，或用不干胶粘贴的彩印等。

6.2.2　审美性装饰

家具的审美性装饰是指附着于家具构件之上、与使用功能及其产品本身的结构需要无关、仅起美化作用的装饰方法。常见的有以下几类。

6.2.2.1　雕刻装饰

雕刻是一种古老的装饰艺术，很早就被世界各地的人们应用于建筑、家具及各类木质、石材等工艺品上。我国常见的古典家具雕刻图案有吉禽瑞兽、花草器物、寓言传说、神话人物等纹样。西方风行的家具雕刻图案有鹰爪、兽腿、天使、人体、柱头、雄狮、蟠龙、花草纹和神像等图案。雕刻图案的内容与工艺的推陈出新使家具装饰艺术不断达到更高的境界。家具中的雕刻按所形成的图案与背景的相对位置关系不同，分为浮雕、圆雕、透雕、平刻等形式。

① 浮雕　高出背景且与背景不分离仅凸起的图案纹样，呈立体状浮于衬底面之上，称为浮雕。按凸出高度不同可分为浅浮雕和深浮雕两种。在背景上仅浮出一层极薄的物象图样，且物象还要借助一些抽象线条加以辅助的表现方法称为浅浮雕；在背景上浮起较高，物象接近于三维实物的称为深浮雕。而在实际应用中，深浮雕和浅浮雕一般不进行绝对的分开使用，常见的是深中有浅、浅中有深地混合使用。常用于家具的表面装饰。

② 圆雕　图案与背景完全相分离，任一方位均可独立形成图案的立体雕刻形式，类似于雕塑，称为圆雕。其题材范围很广，从人物、动物到植物的整体及局部等都可以表现。常用于家具的支撑构件上，尤其是支架构件。

③ 透雕　将图案的背景衬板完全镂空而形成的装饰雕刻形式，称为透雕。透雕分为两种形式：在背景上把图案纹样镂空成为透空的称为阴透雕；把背景上除图案纹样之外的背景部分全部镂空，保留图案纹样的称为阳透雕。透雕多用于家具中的板状构件。

④ 平刻　图案略高出或低于背景，且图案高度与衬板在同一平面上的雕刻方法，称为平刻。当图案略低于背景时为阴刻；图案略高出背景时为阳刻。但无论阴刻阳刻，其所有图案都与被雕构件的表面在同一高度上。

案例

翻转城市（Wave City）咖啡桌

"翻转城市"咖啡桌（图6-7）的设计灵感来自于2010年的电影《盗梦空间》里的一幅城市景象，经过翻转折叠后城市景观看起来好像飘浮在空中一样，给人一种如梦似幻的感觉。从细节上看，该款产品城市的每一处景观都经过仔细琢磨，生动形象，栩栩如生。

之后，设计师又将这个设计主题延伸到了餐桌上。与之前不同的是这款餐桌设计为S形，增加了餐桌的动感。桌子上面放置了一块玻璃，方便作为餐桌之用。

● 图6-7　"翻转城市"咖啡桌

●图6-8　铜鎏金镶嵌装饰

6.2.2.2　镶嵌装饰

镶嵌是先将不同颜色的木块、木条、兽骨、金属、象牙、玉石等，组成平滑的花草、山水、树木、人物或其他各种自然界天然题材的图案花纹。然后再嵌黏到已铣刻好花纹槽（沟）的部件表面上而形成的装饰图案称为镶嵌装饰（图6-8）。镶嵌可分为雕入嵌木、锯入嵌木、贴附嵌木、铣入嵌木四种形式。

① 雕入嵌木　利用雕刻的方法嵌入木片，即把预先画好图案与花纹的薄板，用钢丝锯锯下，把图案花纹挖掉待用。另外将被挖掉的图案花纹转描到被嵌部件上，用平刻法把它雕成与图案薄板厚度一样的深度（略浅些），并涂上胶料，再嵌入已挖空的图案薄板内。

② 锯入嵌木　原理类似于雕入嵌木，是利用透雕方法把嵌材嵌入底板的，因此这种嵌木两面相同。制作方法是先在底板和嵌材上绘好完全相同的图形，然后把这两块板对合，将图案花纹对准，用夹持器夹住，再用钢丝锯将底板与嵌木一起锯下，然后把嵌材图案嵌入底板的图案孔内。

③ 贴附嵌木　实际上是贴而不嵌。就是将薄木片制成图案花纹，用胶料贴附在底板上即成，这种工艺已为现代薄木装饰所沿用。

④ 铣入嵌木　即将底部部件用铣床铣槽（沟），然后把嵌料加胶料嵌入。

由于镶嵌工艺加工比较复杂，不适应现代工业化生产的要求，故已较少用在普通家具的装饰上，偶然可见于高档家具的装饰上。

6.2.2.3　线型装饰

家具的线型是指其水平与竖直构件边沿及线状构件等的横断面形状，具体而言就是柜类的顶板、底板、旁板和台桌类的面板等部件边沿的断面形状，及脚、腿与拉挡类构件的断面形状。最常见、最简单的线型是直角线型，但设计时为了丰富家具的外观造型，提升其品质感，也多采用形状各异的断面形式。在实际生产过程中，板状构件的线型通过一般的铣床加工即可；而脚、腿与拉挡类线状构件的线型大多采用车床加工形成（图6-9）。

●图6-9　家具上的线型装饰

6.2.2.4 烙花装饰

烙花装饰源于西汉，盛于东汉，是利用木材被加热后会炭化变色的原理而进行的装饰技法。当木材被加热到150℃以上时，在炭化以前，随着加热温度的不同，在木材表面可以产生不同深浅的棕色，烙花就是利用这一原理和方法获得的装饰画面。烙花可以用于木材表面，也可以用于竹材表面（图6-10）。

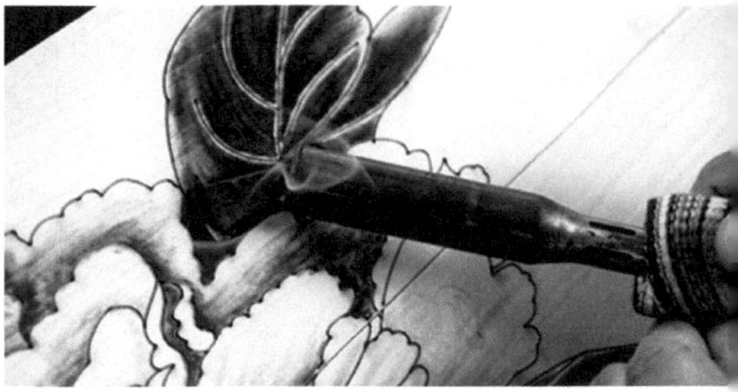

烙花的方法有笔烙、模烙、漏烙、焰烙等。

●图6-10　烙花

① 笔烙　即用加热的烙铁，通过端部的笔头在木材表面按构图进行烙绘，可以通过更换笔头来获得不同粗细效果的线条。

② 模烙　即用加热的金属凸模图样对装饰部位进行烙印。

③ 漏烙　即把要烙印的图样在金属薄板上刻成漏模，将漏模置于装饰表面，用喷灯或加热的细砂，透过漏模对家具表面进行烙花。

④ 焰烙　是一种辅助烙法，是以喷灯喷出的火焰对烙绘的画面进行灼燎，对画面起一个烘托渲染的作用，使画面更富于水墨韵味。烙花对基材的要求是纹理细腻、色彩白净。

6.2.2.5 绘画装饰

绘画装饰就是用油性颜料在家具表面上徒手绘出，或采用磨漆画工艺对家具表面进行装饰。现多用于工艺家具或民间家具中。对于简单的图案，也可以用丝网漏印法取代手绘。在现代仿古家具中，用绘画装饰柜门等家具部件应用较普遍，儿童家具也常采用喷绘的画面进行装饰。

6.2.2.6 镀金装饰

镀金即木材表面金属化，也就是在家具表面覆盖上一层薄金属。最常见的是覆盖金、银、锌和铜。使木材表面具有贵重金属的外观质地。施工的方法有电镀、贴箔、刷涂、喷涂和预制金属化的覆贴面板等（图6-11）。

●图6-11　镀金装饰

07

家具的
结构设计

　　结构是指产品或物体各元素之间的构成方式和接合方式。结构设计就是在制作产品前预先规划、确定或选择连接方式和构成形式，并用适当的方式表达出来的全过程。家具产品通常都是由若干个零部件按照功能与构图要求，通过一定的接合方式组装构成的。家具产品的接合方式多种多样，且各有优势和缺陷。零部件接合方式的合理与否将直接影响到产品的强度、稳定性、实现产品的难易程度（加工工艺），以及产品的外在形式（造型）。产品的零部件需要用原材料制作，而材料的差异将导致连接方式的不同。家具是一种实用产品，在使用过程中必须要有一定的稳定性。由于使用者的爱好不同，家具产品具有各种不同的风格类型。不同类型的产品有不同的连接、构成方式。相同的产品，也可采用不同的连接方式。家具不仅是种产品，也是一种商品。结构设计要考虑家具在生产、制造、运输过程中的经济成本。主要的家具结构有如下几种：板式结构、框架结构、弯曲结构、折叠结构、充气结构等。

7.1　板式结构

　　家具中的板式结构是指使用板件作为主体结构件，并且使用标准的零部件加上接口（五金件）组合而成，家具的受力由板式部件承担或由部件与连接件共同承担。

　　板式结构的家具称为板式家具，通常泛指KD（Knock-Down）拆装家具和RTA（Ready to assemble）待装家具。板式部件的主要原材料是人造板材，原材料的形状、尺寸、结构及物理力学等特性决定了板式家具的板式部件的固定连接要采用圆孔、五金件进行连接。

　　用于板式结构的连接有很多方法，应用各种五金连接件将板式部件有序地连接成一体，简化了结构和加工工艺，便于机械化和自动化生产，成为当今家具企业生产选择的最主要结构形式，便于木材资源的有效利用和高效生产的结构特点，适于生产、安装、运输、包装等多种生产和辅助环节要求，能够实现在世界范围内生产与销售的统一。

　　板式家具的结构造型富于变化，质量稳定，形成了结构简洁、接合牢固、拆装自由、包装运输方便、互换性与扩展性强、利于实现标准化设计的特点。如图7-1所示为堆叠椅子。

●图7-1　堆叠椅子

7.2　框架结构

　　家具中的框架结构是指主要采用框架作为承力和支撑结构，用方材接合成家具所需的基本框架，通过榫卯接合构成木框受力体系。我国的古典家具绝大多数都是框架式家具。榫卯结构使中国传统家具呈现出丰厚的文化底蕴。传统家具的榫卯结构形式呈现缤纷的特点，榫卯结构被描绘成一种凹凸关系、阴阳关系、异性关系、社会关系、生态关系。如图7-2所示为粽角榫。

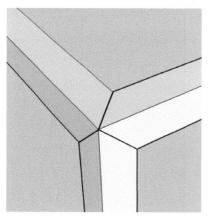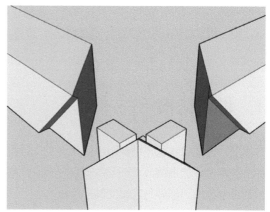

●图7-2　粽角榫

　　框架式的家具结构具有稳定性强、受力好、立体感突出、连接方便等优点，广泛应用于实木家具的制作。框架结构的缺点是加工复杂、效率低、易因气候变化而产生松动、不易拆卸。

 案例

鲁班锁凳子

　　鲁班锁又名孔明锁，相传由春秋末期战国初期的鲁班发明（另一说法是三国时期诸葛孔明根据鲁班的发明，结合八卦玄学的原理发明的一种玩具），源于中国传统建筑中的榫卯结构，不用钉子和绳子，完全靠木块自身结构的连接支撑。

　　鲁班锁凳子（图7-3）是把鲁班锁的结构应用到家具设计当中制作而成的。这把鲁班锁凳子并没有采用木材制作，而是使用了铝条，由若干铝条相互交织穿插而成，座位像是一个鸟巢，而凳子腿则通过类似鲁班锁的结构固定，结合处通过14根铝条上的榫槽相互嵌套固定，保证了凳子的稳定性。

●图7-3　鲁班锁凳子

　　座位的纷纷扰扰相互交织让人想到"乱"，凳子腿的榫卯结构以及笔直的线条让人想到"致"，乱中有致，致中有乱，充满了浓厚的中国传统哲学意味；质轻结实的铝材则让鲁班锁凳子看上去现代感十足。

7.3　弯曲结构

　　弯曲结构通常称为曲木结构，由于木材特殊的构造和特殊的物理力学性能，使木材难以加工成曲率较大的弧形部件，而且弯曲部分的连接强度和连接方式也存在困难，加工效率和精度难以保证，对木材的消耗也非常大，因此弯曲结构主要利用薄木弯曲胶压成型原理，解决部分异型木制部件难以成型的难题。

　　家具弯曲结构的弯曲零部件可通过实木板锯制和薄板胶合弯曲等方法得到。实木板锯加工可以对弯曲程度较小的零部件采用在板材上顺纤维长度划线后用细木工带锯制的方法得到。薄板胶合弯曲是将一叠涂胶的薄板在模压机中加压弯曲，直到胶层固化而制成弯曲件。

　　弯曲结构家具给人以活泼、轻松、优雅、柔和、丰满和活动之感，具有造型别致、工艺简单、耗材小、成本低等优点，其特有的弯曲弧度更加符合人体曲线的起伏，赋予家具高雅浪漫的气息，广泛适用于一些特殊造型的家具及木制品生产。

案例
平面扭曲的网格椅子

设计师在这款 R Shell Chair（图7-4）的设计上以薄壳结构为基础，巧妙地实现了点和线、虚和实的结合，让两个扭曲的平面相互支撑，达到美观、简约、稳定的效果。

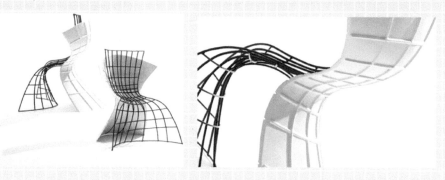

● 图7-4　R Shell Chair

其中一个面是由交错的红色网格结构组成，模拟了电脑建模时使用的网格模型。而另一个面则布满凹槽和纹路，扭曲、凹凸不平的表面会随着光线位置变化投出不同的阴影。

7.4　折叠结构

在家具设计中我们经常以"折叠"一词来表达一类或有折或有叠的结构，折叠结构家具的特点是便于使用后存放和运输，适用于餐厅、会场和多功能厅等经常需要变换使用场地的公共场所，同时也适用于以节约空间为目的、多种产品功能合并使用的民用家具使用环境。

"折叠"由折与叠两个动词所组成。家具中"折而不叠"的折动式结构通常以轴心式的形式体现出来，以一个或多个轴心为折动点的折叠构造，最直观的物品是折扇，所以轴心式也称"折扇型"折叠。轴心式是应用最早、最广也是最为经济的折叠构造形式之一。

家具中"叠"的结构通常以叠积式的形式体现，将同一种物品在上下或者前后以相互容纳而便于重叠的方式放置，从而达到节省整体堆放空间的效果。

　　折叠结构充分应用即"又折又叠"的调节式家具结构是折叠结构中最常见的一类，因为它最能体现折叠结构的种种优点，为了满足家具功能的延伸，在家具内部设置一些调节装置，使其在外形使用尺寸上进行延伸，不仅在空间利用上最为经济、使用便利，而且功能多样化的可能性最大。另外，折叠后的家具结构可以和其他单体有相容性，甚至可以使家具结构经过折叠后成片进行收藏，增加功用的同时大大节省了空间。

案例

Butterfly 椅子

　　设计师 Yurii Celga 发现白领族有时候开会只有椅子没有桌子，但需要写字的时候就很麻烦。他想要设计一款可以解决这个问题的产品。他发现儿童的积木玩具中有很多可以变形的小玩意，如何利用变形这个概念设计这类家具产品呢？在经过了多次尝试之后，最终设计了这款 Bufterfly 椅子（图7-5）。

●图7-5　Butterfly 椅子

　　从结构设计上来讲，它采用折叠的设计原理，椅子一折叠上就是一块木板，打开之后可变成椅子，也可变成桌子，前方是椅子，后面是一个小桌子，有种高铁的椅子的感觉，但最大的特点就是可以折叠，也便于携带。

7.5　充气结构

充气结构是指各类由气囊组成的主体结构，需要通过对内部充气内胆进行加气或注入液体填充，使气囊变化成需要的家具整体造型，具备相应的家具功能。充气结构的家具除了具有色彩鲜艳、造型丰富、重量很轻、便于携带、不怕雨水等优点以外，充气家具摆脱了传统家具的笨重，室内室外可随意放置。放气后体积小巧，方便收藏携带，可节省空间。

充气家具正常使用寿命为5～10年。尽管充气家具不能让尖锐的物件刺碰，不过每一件充气家具所附送的修补用的特制强力胶和有关材料已经解决了消费者的后顾之忧，使得充气家具拥有越来越广阔的市场。

案例

便携快速充气沙发巢穴

到郊外野餐或露营，在欣赏大自然美景之余最好就是能够像躺在家里的沙发一样睡个懒觉。不过如果带上一张沙发去野餐并不现实，那不妨试试这个来自荷兰的设计师Lamzac设计的便携快速充气沙发巢穴（Hangout，图7-6）。这款沙发重量很轻，收纳携带方便。不仅如此，其使用也很简单。它不需要充气设备，只需拿着进气口在空中来回晃动几下，充满空气后将口封好。从打开到使用，仅需10s，即可变身一款舒适感十足的充气沙发。

由于其携带收纳方便，所以室内室外皆可使用。

●图7-6　便携快速充气沙发巢穴

7.6 薄壳结构

薄壳结构，也称为薄壁成型结构。主要利用一些新材料（如塑料、玻璃、金属、复合材料等）优越的物理、化学性能和卓越的成型能力，将其塑化，注入成型模具内，然后冷却、固化定型。此类家具有强度高、重量轻、便于运输、简洁、轻巧、耐磨、便于清洁、防水、防晒等优点。薄壳结构家具生产效率高，节省材料，工艺简便，造型生动，色彩丰富，适于生产各种户外家具用品及公共环境场所的家具制品，如体育场所座椅、快餐店餐椅、影剧院及大型卖场的公共家具等。如图7-7所示为leaf镂空花纹茶几。

● 图7-7　leaf镂空花纹茶几

7.7 整体成型结构

以塑料或者金属为原料，在定型的模具中进行浇注或者发泡处理，脱模后成为具有承托人体和支撑结构合二为一的整体型家具。一般表面需用织物包衬，造型雕塑感强，它可以设计成配套的组合部件块，进行各种组合，适用于不同的使用方式。

08

家具的
色彩设计

8.1 色彩的概念及基本特性

色彩是平面设计表现的一个重要元素，色彩从视觉上对观者的生理及心理产生影响，使其产生各种情绪变化。平面色彩的应用，要以消费者的心理感受为前提，使观众理解并接受画面的色彩搭配，设计者还必须注意生活中的色彩语言，避免某些色彩表达与沟通的主题产生词不达意的情况。

8.1.1 色彩的本质

色彩感觉信息传输途径是光源、彩色物体、眼睛和大脑，也就是人们色彩感觉形成的四大要素。这四个要素不仅使人产生色彩感觉，而且也是人能正确判断色彩的条件。在这四个要素中，如果有一个不确定或者在观察中有变化，就不能正确地判断颜色及颜色产生的效果。因此，当我们在认识色彩时并不是在看物体本身的色彩属性，而是将物体反射的光以色彩的形式进行感知（图8-1）。

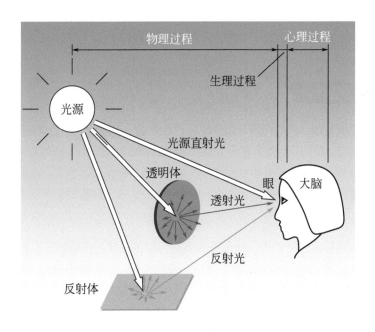

●图8-1　人的色彩感知过程

色彩可分为无彩色和有彩色两大类。对消色物体来说，由于对入射光线进行等比例的非选择吸收和反（透）射，因此，消色物体无色相之分，只有反（透）射率大小的区别，即明度的区别。明度最高的是白色，最低的是黑色，黑色和白色属于无彩色。在有彩色中，红、橙、黄、绿、蓝、紫六种标准色比较，它们的明度是有差异的。黄色明度最高，仅次于白色，紫色的明度最低，和黑色相近。如图8-2所示为可见光光谱线。

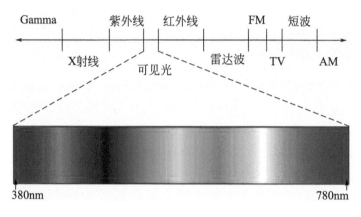

●图8-2　可见光光谱线

8.1.2 色彩的属性

有彩色表现很复杂，人的肉眼可以分辨的颜色多达一千多种，但若要细分差别却十分困难。因此，色彩学家将色彩的名称用它的不同属性来表示，以区别色彩的不同。用"明度""色相""纯度"三属性来描述色彩，更准确、更真实地概括了色彩。在进行色彩搭配时，参照三个基本属性的具体取值来对色彩的属性进行调整，是一种稳妥和准确的方式。

（1）明度

明度，是指色彩的明暗程度，即色彩的亮度、深浅程度。谈到明度，宜从无彩色入手，因为无彩色只有一维，好辨得多。最亮是白，最暗是黑，以及黑白之间不同程度的灰，都具有明暗强度的表现。若按一定的间隔划分，就构成明暗尺度。有彩色即靠自身所具有的明度值，也靠加减灰、白调来调节明暗。例如，白色颜料属于反射率相当高的物体，在其他颜料中混入白色，可以提供混合色的反射率，也就是提高了混合色的明度。混入白色越多，明度提高得越多。相反，黑颜料属于反射率极低的物体，在其他颜料中混入黑色越多，明度就越低（图8-3）。

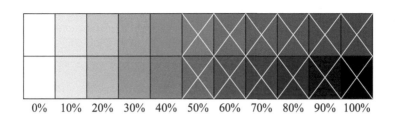

0% 10% 20% 30% 40% 50% 60% 70% 80% 90% 100%

●图8-3 色彩的明度

明度在三要素中具有较强的独立性，它可以不带任何色相的特征而通过黑白灰的关系单独呈现出来。色相与纯度则必须依赖一定的明暗才能显现，色彩一旦发生，明暗关系就会同时出现，在我们绘制一幅素描的过程中，需要把对象的有彩色关系抽象为明暗色调，这就需要有对明暗的敏锐判断力。

（2）色相

有彩色就是包含了彩调，即红色、黄色、蓝色等几个色族，这些色族便叫色相。

色彩像音乐一样，是一种感觉。音乐需要依赖音阶来保持秩序，而形成一个体系。同样的，色彩的三属性就如同音乐中的音阶一般，可以利用它们来维持繁多色彩之间的秩序，形成一个容易理解又方便使用的色彩体系，则所有的色可排成环形。这种色相的环状配列，叫作"色相环"，在进行配色时非常方便，可以了解两色彩间有多少间隔。

红、橙、黄、绿、蓝、紫为基本色相。在各色中间加插一两个中间色，其头尾色相，按光谱顺序为红、橙红、黄橙、黄、黄绿、绿、绿蓝、蓝绿、蓝、蓝紫、紫、红紫。这十二色相的彩调变化，在光谱色感上是均匀的。如果进一步再找出其中间色，便可以得到二十四个色相。在色相环的圆圈里，各彩调按不同角度排列，则十二色相环每一色相间距为30°。二十四色相环每一色相间距为15°（图8-4）。

最外圈的色环，由纯色光谱秩序排列而成
当中一圈是间色：橙、绿、紫
中心部分是三原色：红、黄、蓝
各色之间，呈直线对应的就是互补色关系

●图8-4 色相环

（3）纯度

色彩的纯度是指色彩的鲜艳程度，我们的视觉能辨认出的有色相感的色，都具有一定程度的鲜艳度。所有色彩都是由红（玫瑰红）色、黄色、蓝（青）色三原色组成，原色的纯度最高，所谓色彩纯度应该是指原色在色彩中的百分比。

8.2　色彩的心理感受

人们的切身体验表明，色彩对人们的心理活动有着重要影响，特别是和情绪有非常密切的关系。在我们的日常生活、文娱活动、军事活动等各种领域都有各种色彩影响着人们的心理和情绪。各种各样的人：古代的统治者、现代的企业家、艺术家、广告商，等等都在自觉不自觉地应用色彩来影响、控制人们的心理和情绪。人们的衣、食、住、行也无时无刻不体现着对色彩的应用：夏天穿上湖蓝色衣服会让人觉得清凉，人们把肉类调成酱红色，会更有食欲。颜色之所以能影响人的精神状态和心绪，在于颜色源于大自然的先天的色彩。

对色彩与人的心理情绪关系的科学研究发现，色彩对人的心理和生理都会产生影响。国外科学家研究发现：在红光的照射下，人们的脑电波和皮肤电活动都会发生改变。在红光的照射下，人们的听觉感受性下降，握力增加。同一物体在红光下看要比在蓝光下看显得大些。在红光下工作的人比一般工人反应快，可是工作效率反而低。与红色相反，绿色可以提高人的听觉感受性，有利于思考的集中，提高工作效率，消除疲劳，还会使人减慢呼吸，降低血压，但是在精神病院里单调的颜色，特别是深绿色，容易引起精神病人的幻觉和妄想。

此外，其他颜色如橙色，在工厂中的机器上涂上橙色要比原来的灰色或黑色更好，可以使生产效率提高，事故率降低。可以把没有窗户的厂房墙壁涂成黄色，这样可以消除或减轻单调的手工劳动给工人带来的苦闷情绪。

8.2.1　色彩的温度感

冷色与暖色是依据心理错觉对色彩的物理性分类，对于颜色的物质性印象，大致由冷暖两个色系产生。波长长的红色光和橙色光、黄色光，本身有暖和感，以此光照射到任何色都会有暖和感。相反，波长短的紫色光、蓝色光、绿色光，有寒冷的感觉。夏日，我们关掉室内的白炽灯光，打开日光灯，就会有一种变凉爽的感觉。

冷色与暖色除去给我们以温度上的不同感觉外，还会带来其他的一些感受。例如，重量感、湿度感等。比方说，暖色偏重，冷色偏轻；暖色有密度强的感觉，冷色有稀薄的感觉；

两者相比较，冷色的透明感更强，暖色则透明感较弱；冷色显得湿润，暖色显得干燥；冷色有退远的感觉，暖色则有迫近感。这些感觉都是偏向于对物理方面的印象，但却不是物理的真实现象，而是受我们的心理作用而产生的主观印象，它属于一种心理错觉。

红色、橙色、黄色常常使人联想到旭日东升和燃烧的火焰，因此有温暖的感觉；蓝、青色常常使人联想到大海、晴空、阴影，因此有寒冷的感觉；凡是带红色、橙色、黄色的色调都带暖感；凡是带蓝色、青色的色调都带冷感。色彩的冷暖与明度、纯度也有关。

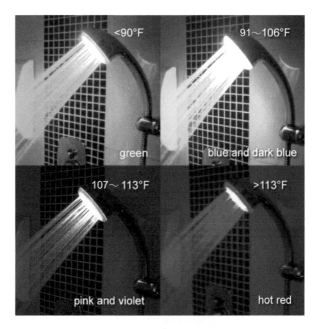

● 图8-5　色彩的温度感

高明度的色一般有冷感，低明度的色一般有暖感。高纯度的色一般有暖感，低纯度的色一般有冷感。无彩色系中白色有冷感，黑色有暖感，灰色属中（图8-5）。

8.2.2 色彩的轻重感

物体表面的色彩不同，看上去也有轻重不同的感觉，这种与实际重量不相符的视觉效果，称之为色彩的轻重感。感觉轻的色彩称为轻感色，如白、浅绿、浅蓝、浅黄色等；感觉重的色彩称重感色，如藏蓝色、黑色、棕黑色、深红色、土黄色等。

色彩的轻重感一般由明度决定。高明度具有轻感，低明度具有重感；白色最轻，黑色最重；低明度基调的配色具有重感，高明度基调的配色具有轻感。

明度高的色彩使人联想到蓝天、白云等。产生轻柔、飘浮、上升、敏捷、灵活等感觉。明度低的色彩使人联想到钢铁，石头等物品，产生沉重、沉闷、稳定、安定、神秘等感觉。色彩给人的轻重感觉在不同行业的网页设计中有着不同的表现。例如，工业、钢铁等重工业领域可以用重一点的色彩；纺织、文化等科学教育领域可以用轻一点的色彩。色彩的轻重感主要取决于明度上的对比，明度高的亮色感觉轻，明度低的暗色感觉重。另外，物体表面的质感效果对轻重感也有较大影响。

案例
为儿童设计的模块化双层床

    设计师Marc Newson为意大利家具厂商Magis设计了一款双层床，采用类似乐高积木的模块化设计，用聚乙烯塑料做成，除了非常结实之外，清洗也非常方便。所有模块都采用圆角设计，避免划伤孩子。两张单人床下面都设有通风孔，增加透气性。

    颜色方面有蓝色、橙色两色可选，并且每款的不同模块采用了由浅到深的设计，增强了层次感（图8-6）。

● 图8-6　为儿童设计的模块化双层床

8.2.3 色彩的软硬感

    与色彩的轻重感类似，软硬感和明度有着密切关系。通常说来，明度高的色彩给人以软感，明度低的色彩给人以硬感。此外，色彩的软硬也与纯度有关，中纯度的颜色呈软感，高纯度和低纯度色呈硬感。强对比色调具有硬感，弱对比色调具有软感。从色相方面色彩给人的轻重感觉为：暖色黄色、橙色、红色给人的感觉轻，冷色蓝色、蓝绿色、蓝紫色给人的感觉重。

软——灰色沙发　　　　　　　　硬——墨绿色沙发

● 图8-7　色彩的软硬感

色彩的软硬感觉为：凡感觉轻的色彩给人的感觉均为软而有膨胀的感觉。凡是感觉重的色彩给人的感觉均硬而有收缩的感觉（图8-7）。

8.2.4 色彩的距离感

色彩的距离与色彩的色相、明度和纯度都有关。人们看到明度低的色感到远，看明度高的色感到近，看纯度低的色感到远，看纯度高的色感到近，环境和背景对色彩的远近感影响很大。在深底色上，明度高的色彩或暖色系色彩让人感觉近；在浅底色上，明度低的色彩让人感觉近；在灰底色上，纯度高的色彩让人感觉近；在其他底色上，使用色相环上与底色差120°～180°的"对比色"或"互补色"，也会让人感觉近。色彩给人的远近感可归纳为：暖的近，冷的远；明的近，暗的远；纯的近，灰的远；鲜明的近，模糊的远；对比强烈的近，对比微弱的远。比如同等面积大小的红色与绿色，红色给人以前进的感觉，而绿色则给人以后退的感觉（图8-8）。

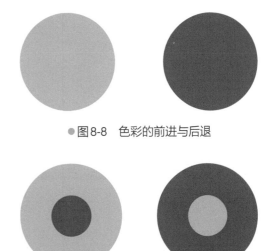

● 图8-8　色彩的前进与后退

● 图8-9　色彩搭配的距离感

同样，我们改变色彩的搭配，在绿色底上放置一小块的红色，这时我们会看到截然不同的效果，红色出现后退，绿色则变为前进，而这实际是暖色、中性色及冷色给人在视觉上的差别（图8-9）。

8.2.5 色彩的强弱感

色彩的强弱决定色彩的知觉度，凡是知觉度高的明亮鲜艳的色彩具有强感，知觉度低下的灰暗的色彩具有弱感。色彩的纯度提高时则强，反之则弱。色彩的强弱与色彩的对比有关，对比强烈鲜明则强，对比微弱则弱。有彩色系中，以波长最长的红色为最强，波长最短的紫色为最弱。有彩色与无彩色相比，前者强，后者弱（图8-10）。

●图8-10　色彩的强弱感

8.2.6　色彩的舒适感与疲劳感

　　色彩的舒适感与疲劳感实际上是色彩刺激视觉生理和心理的综合反应。红色刺激性最大，容易使人产生兴奋，也容易使人产生疲劳。凡是视觉刺激强烈的色或色组都容易使人疲劳，反之则容易使人舒适。绿色是视觉中最为舒适的色，因为它能吸收对眼睛刺激性强的紫外线，当人们用眼过度产生疲劳时，多看看绿色植物或到室外树林、草地中散散步，可以帮助消除疲劳。一般来讲，纯度过强，色相过多，明度反差过大的对比色组容易使人疲劳。但是过分暧昧的配色，由于难以分辨，造成视觉困难，也容易使人产生疲劳（图8-11）。

色彩的舒适感——双腿坐垫沙发　　　　　　　　色彩的疲劳感——海葵沙发

●图8-11　色彩的舒适感与疲劳感

8.2.7 色彩的沉静感与兴奋感

色彩的兴奋与沉静取决于刺激视觉的强弱。在色相方面，红色、橙色、黄色具有兴奋感，青色、蓝色、蓝紫色具有沉静感，绿色与紫色为中性。偏暖的色系容易使人兴奋，即所谓"热闹"；偏冷的色系容易使人沉静，即所谓"冷静"。在明度方面，高明度之色具有兴奋感，低明度之色具有沉静感。在纯度方面，高纯度之色具有兴奋感，低纯度之色具有沉静感。色彩组合的对比强弱程度直接影响兴奋与沉静感，强者容易使人兴奋，弱者容易使人沉静。

案例
Jamirang 椅子

韩国设计师Bora Kim带来的可爱的Jamirang椅子，Jamirang在韩文中是进入沉睡的意思。Jamirang由深棕色的实木椅脚和又大又厚的椅垫组成，设计感十足并非常休闲，散发出一种让人想坐坐看的吸引力（图8-12）。

● 图8-12　Jamirang椅子

8.2.8 色彩的明快感与忧郁感

色彩的明快感与忧郁感主要与明度和纯度有关，明度较高的鲜艳之色具有明快感，灰暗浑浊之色具有忧郁感。高明度基调的配色容易取得明快感，低明基调的配色容易产生忧郁感，对比强者趋向明快，弱者趋向忧郁。纯色与白色组合易明快，浊色与黑色组合易忧郁。

色彩的兴奋与沉静取决于刺激视觉的强弱。在色相方面，红、橙、黄色具有兴奋感，青、蓝、蓝紫色具有沉静感，绿与紫为中性。偏暖的色系容易使人兴奋，即所谓"热闹；偏冷的色系容易使人沉静，即"冷静"。在明度方面，高明度之色具有兴奋感，低明度之色具有沉静感。在纯度方面，高纯度之色具有兴奋感，低纯度之色具有沉静感。色彩组合的对比强弱程度直接影响兴奋与沉静感，强者容易使人兴奋，弱者容易使人沉静。

图8-13所示为，"中灰色"系列灯具。"中灰色"指的是眼睛能看到的介于黑色和白色之间的灰色阴影，这种特殊的阴影反射了18%的光线，可谓是忧郁又不乏明快。

●图8-13 "中灰色"系列灯具

8.2.9 色彩的华丽感与朴素感

色彩的华丽感与朴素感和色相关系最大，其次为纯度与明度。红色、黄色等暖色和鲜艳而明亮的色彩具有华丽感，青色、蓝色等冷色和浑浊而灰暗的色彩具有朴素感。有彩色系具有华丽感，无彩色系具有朴素感。

色彩的华丽感与朴素感也与色彩组合有关，运用色相对比的配色具有华丽感，其中以补色组合为最华丽。为了增加色彩的华丽感，金、银色的运用最为常见，所谓金碧辉煌、富丽堂皇的宫殿色彩，昂贵的金、银装饰是必不可少的（图8-14）。

●图8-14 家具色彩的华丽感与朴素感

8.2.10 色彩的积极感与消极感

色彩的积极感与消极感与色彩的兴奋与沉静感相似。体育教练为了充分发挥运动员的体力潜能，曾尝试将运动员的休息室、更衣室刷成蓝色，以便创造一种放松的气氛；当运动员进入比赛场地时，要求先进入红色的房间，以便创造一种强烈的紧张气氛，鼓动士气，使运动员提前进入最佳的竞技状态（图8-15）。

●图8-15 家具色彩的积极感与消极感

8.2.11 色彩的味觉感

使色彩产生味觉的，主要在于色相上的差异，往往因为事物的颜色刺激，而产生味觉的联想。能激发食欲的色彩源于美味事物的外表印象，例如，刚出炉的面包，烘烤谷物与烤肉，熟透的西红柿、葡萄等。按味觉的印象可以把色彩分成各种类型。芳香色，"芬芳的色彩"常常出现在赞美之辞里，这类形容词来自人们对植物嫩叶与花果的情感，也来自人们对这种自然美的借鉴，尤其女性的服饰与自身修饰。最具芳香感的色彩是浅黄色、浅绿色，其次是高明度的蓝紫色。芳香色是女人的色彩，因此这些色彩在香水、化妆品与美容、护肤、护发用品的包装上经常看到。浓味色，主要依附于调味品、咖啡、巧克力、白兰地、葡萄酒、红茶等，这些气味浓烈的东西在色彩上也较深浓，暗褐色、暗紫色、茶青色等便属于这类使人感到味道浓烈的色彩。

案例

马卡龙凳子

    Makastool 由来自意大利的 LI VING 设计工作室设计，是一款造型和色彩都很可爱的凳子，设计师巧妙地将食物世界和设计世界连接一起，正如它的名字所表达的那样，这把凳子的设计灵感来自法国小甜饼——马卡龙，有趣而舒适，让人垂涎三尺。

    凳子的座位看上去就像是一个个放大版的马卡龙小甜饼，有紫色、柠檬绿色、淡蓝色等6种颜色可选。一高一低两个尺寸，从框架、凳腿到切削、上漆、座位上的皮革包裹，完全采用手工制作（图8-16）。

●图8-16 马卡龙凳子

8.3 家具色彩设计要点

8.3.1 配色的基本原则

家具的色彩设计，不同于绘画作品和视觉传达设计，它受工艺、材质、物质功能、色彩功能、环境、人体工程学等因素的制约。配色的目的是追求丰富的光彩效果，表达作者情感，感染观众。家具的色彩设计，作为家具造型设计的内容之一，应该体现科学技术与艺术的结合、技术与新的审美观念的结合，体现家具与人的协调关系。

8.3.2 家具整体色调

家具整体色调指从配色整体所得到的感觉，由一组色彩中面积占绝对优势的色调来决定。整体色调因为受画面中占大面积的色调所支配，所以可以通过有意识的配色，使之呈现出一个统一的整体色调，以提高表现效果。色调的种类很多，所以可以按色性分有冷调、暖调；按色相分有红调、绿调、蓝调等；按明度分有高调、中调、低调等。集中用暖色系的色相具有温暖感，而集中用冷色系的色相则具有寒冷感；以暖色或彩色度高的色为主能产生视觉刺激；以冷色或纯度低的色为主色彩感觉平静；以高明度的色为中心的配色感觉轻快、明亮；而以低明度的色为中心的配色感觉沉重、幽暗。

8.3.3 按家具的物质功能进行配色

家具的色调设计首先必须考虑与家具物质功能要求的统一，让使用者和欣赏者加深对家具的物质功能的理解，有利于家居物质功能的进一步发挥。

如儿童家具鲜艳的色调，老年人家具沉着的色调，办公室家具明亮的色调，医院家具的乳白色、淡灰色基调，休闲家具的自然色调，卧室家具淡雅的色调，等等。

8.3.4 人机协调的要求

不同色调使人产生不同的心理感受。适当的色调设计，能使使用者产生舒适、轻快、振作的感受，从而有利于工作；不适当的色调设计，可能会使使用者产生疑惑不解、沉闷、萎

靡不振的感觉，而不利于工作、学习、生活。因此，色调设计如能充分体现出人机间的协调关系，就能提高使用时的工作效率、生活中的舒适感，减少差错事故和疲劳，并有益于使用者的身心健康。

8.3.5 **色彩的时代感要求**

不同的时代，人们对某一色彩带有倾向性的喜爱。这一色彩就成为该时代的流行色。家具的色调设计如果考虑了流行色的因素，就能满足人们追求"新"的心理需求，也符合当时人们普遍的色彩审美观念。

与服装服饰一样，家具的流行色趋势也非常明显，如我们经常所形容的"白色旋风""黑色风暴""奶油加咖啡"等，就代表着某一个时期家具的流行色。

 案例

充满活力的色彩 DIDI 椅子

丹麦设计师 Busk 和 Hertzog 为 Globe Zero 4 品牌设计了这款颇为有趣的 DIDI 座椅（图8-17）。椅子的色彩充满活力，使用明亮的绿色、橘色和红色，使人印象深刻。

图8-17　DIDI椅子

8.3.6 色彩的民族差异

每个国家、每个民族的生活环境、传统习惯、宗教信仰等存在差异，因此产生对色彩的区域性偏爱和禁忌。

色彩设计大师朗科罗在"色彩地理学"方面的研究成果证明：每一个地域都有其构成当地色彩的特质，而这种特质导致了特殊的具有文化意味的色谱系统及其组合，也由于这些来自不同地域文化基因的色彩不同的组合，才产出了不同凡响的色彩效果。

从时间来看，脆弱的人类由于外界恶劣的环境而本能地渴望掌握征服环境的技术，以求得安全感。随着时间的推移，氏族发展成部落，部落组成部落联盟，成为民族的最初形态。而这些在相同环境中生活的人群慢慢形成相似的生活习惯和生存态度。这种态度逐步演变成某种约定、规范，最终积淀下来，产生了民族的习惯。色彩的特殊意味是在本民族长期的历史发展过程中，由特定的本族的经济、政治、哲学、宗教和艺术等社会活动凝聚而成的，它有一定的时间稳定性。

从空间来看，这种文化意味是特定民族的经济、政治、宗教和艺术等文化与民族审美趣味互相融合的结果。在一定程度上这种色彩已经成为该民族独特文化的象征。

研究民族色彩要从下面几个方面研究：自然环境因素、经济技术因素、人文因素、宗教因素和政治因素。

（1）自然环境因素

人类的祖先对某种色彩的倾向最初是对居住的周围环境进行适应的结果。一切给予他们恩泽或让他们害怕的自然物都会导致他们对这些自然物的固有色彩产生倾向心理。如生活在黄河流域的汉民族对黄土地、黄河的崇拜衍生了尚黄传统，并把中华民族的始祖称为黄帝，是因为黄帝是管理四方的中央首领，他专管土地，而土是黄色，故名"黄帝"。

再比如，意大利人喜好浓红色、绿色、茶色、蓝色，讨厌黑色、紫色；沙漠地区到处是黄沙一片，那里的人们渴望绿色，所以对绿色特别有感情，这些国家的国旗基本上都是以绿色为主色调。挪威人喜好红色、蓝色、绿色、鲜明色。丹麦人喜好红色、白色、蓝色。

（2）人文环境因素

我们以中国的人文因素观察中国色彩。如今的中国色彩多为国外色彩理论，事实上中国也有自己的色彩文化和理论。由于受传统五行学说的影响，青、黄、赤、白、黑五种颜色被确定为正色，其他色定为间色，正色代表正统的地位。"五色"被人为地与"阴阳五行"学说

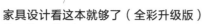
相结合，使哲学渗透到色彩文化当中。儒家哲学把正色和间色赋予尊卑、贵贱等级的象征意义，色彩代表君臣民上下级关系，服饰的色彩不可混淆，更不可颠倒，黄色是中央之色，只有皇帝才可服黄。同时儒家"比德"观认为，色彩是具有暗示作用的，就像梅、兰、竹、菊象征君子一样，色彩之所以美是因为色彩装饰也暗示人的美恶忠奸，儒家的这种"比德"思维方式对中国色彩文化产生很大的影响。

道家哲学则从总体上是一种出世、无为的哲学流派，在色彩观上主张"无色而五色成焉""谵然夫极而众美从之"，体现在色彩美学上追求无色之美。道家喜欢黑色、白色、青色等平淡素净之色。

（3）经济技术因素

色彩文化的发展和经济发展水平休戚相关。色彩文化经历了从无到有、从简单到复杂、从单纯到既注重实用又讲究美观的发展过程。如美国学者肯与贝林根据调查将色名发展按出现时间的先后分为七个阶段。色彩名称的多少与经济发展水平成正相关关系，反映出人们对色彩认识、运用、创造的能力的提高，同时色彩名称不断丰富的过程就是色彩文化不断丰富的过程。

（4）宗教信仰因素

宗教对人类的行为产生了很重要的影响，特别是对宗教教徒自身的约束更加明显。不同的宗教有不同的色彩崇尚，如佛教尚黄和白，道教尚黑和黄等。即使是同种宗教，不同的派别也会存在不同的色彩崇拜。

（5）政治因素

色彩进入政治领域具有了更加丰富的文化内涵和鲜明的阶级性。政治因素对色彩文化产生了巨大的干扰和强制力。在五行相生相克原理和天人感应思想的"帝德学说"影响下，黄色成为中华民族备受推崇之色，黄色代表大地，是中央之色，象征中央政权以及国土之义，成为历代封建帝王所专有。

随着社会经济文化的发展，人类的审美情趣在不断变化，各民族的色彩文化正在融合，其意义也在悄悄地变化。在个性化的现代社会里，色彩的运用不受限制，随着人类社会逐渐走向现代文明，色彩文化的个性化会越来越突出。产品设计是人类文明的重要体现，是民族文化、艺术精神和科学技术相结合的产物，产品设计作为一种文化形态，从设计理念到物质构成形式，都表现出设计文化的内涵和特征，产品设计中审美意识的创新和发展，给社会文化注入了新的生命。因此，产品设计与文化是互相渗透、互相影响、密不可分的，产品设计只有与社会文化融合起来，才能使产品永具生命力，放射出灿烂的光辉。

8.4　家具的色彩搭配

配色时应从色的强弱、轻重等感觉要素出发，同时考虑色彩的面积和位置以取得产品的整体平衡。

（1）色彩强弱与平衡的关系

暖色和纯色比冷色和淡色面积小时，可以取得强度的平衡，在明度相似的场合尤其如此。因此，像红色和绿色这种明度近似的纯色组合，因过于强烈反而不调和，可以通过缩小一方的面积或改变其纯度或明度加以调和。

（2）色彩轻重对比与平衡的关系

在家具色彩设计中，把明亮的色放在上面，暗色放在下面则显得稳定；反之则具有动感。

（3）色彩面积对比与平衡的关系

在进行包括家具在内的大面积的色彩设计和与环境相关的家具色彩设计时（如与建筑、墙壁、屏风、其他陈设等），除少数设计要追求远效果以吸引人的视线外，大多数应选择明度高、纯度低、色相对比小的配色，以使人感觉明快舒适、和谐、安详，以保证良好的精神状态。

对单体家具的色彩设计属于中等面积的色彩设计，应选择中等程度的对比，这样既保证色彩设计所产生的趣味，又能使这种趣味持久。

对家具局部的色彩进行设计，属于小面积设计，应依具体情况而定。如为图案，则宜采用强对比以使形象清晰、有力；若是装饰色，则宜采用弱对比以体现产品文雅、高贵。

家具饰品的选配，可适当选择纯度高、对比配色强，突出产品的形象，增添环境生气。

家具配色是家具造型设计的基本内容之一，比较通用的方法就是在产品设计图上标示出色样或实物（涂料样板、表面材料样板、织物小样等），以便生产和销售过程中核对。

8.4.1　配色的层次

各种色彩具有不同的层次感，这是由人们的视觉透视和习惯造成的。因此在家具色彩设计时，可利用色彩的层次感特性来增强家具的立体感。

一般来说，纯度高的色，由于注目性高，具有前进感；纯度低的色，注目性差，有后退

153

感。明度高的色，有扩张感、前进感；面积小的色，有后退感。形态集中的色，有前进感；形态分散的色，有后退感。位置在正中的色，有前进感；位置在边角的色，有后退感。强对比色，有前进感；弱对比色，有后退感。

暖色与其他色对比，具有前进感，并且以红色最明显；冷色与其他色对比，有后退感，其中以蓝色最明显。

8.4.2 配色的节奏

几种色彩并重时，使色相、明度、彩度等作渐进的变化（在色立体中按某一直线成曲线配色），或者通过色相、明度等几个要素的重复，可以给人以节奏感。

8.4.3 配色的基本技法

（1）渐变

通过将色彩三要素中的一个或两个作渐进的变化，就会表现出独特的美感。

（2）支配色

通过一个主色调来支配家具的整个配色，从而使配色产生统一感的技法。类似用滤色镜拍摄彩色照片的效果。

（3）分隔

对色相、明度和纯度非常相似、区别小的色彩，或者相反，色彩的色相、明度和纯度对比太强时，可在对比色之间用另一种色彩的细带使之隔离，这种方法特别适用于大面积用色。如高纯度的红色和绿色相配时，若在中间加一条无彩色的细带，就会使其沉静下来。常用的细色带可以是白色、灰色、黑色等无彩色或金色、银色。

案例

有趣又缤纷多彩的"Toadstool"系列家具

　　瓦伦西亚创意工作室Masquespacio为西班牙家具制造商Missana带来了"Toadstool"系列作品（图8-18）。设计师融合了多种多样的色彩，以及大理石、木材和镀上黄金的金属来创作这个系列，每个产品都允许用户在材料和颜色方面自由定制，有无尽的组合可能。

　　"Toadstool"的创作本身受到了Missana鲜明的视觉文化的启发，不同材料的融合也正是力求突显这一点，并由此展现了制造商独特的装饰技术。

●图8-18 "Toadstool"系列家具

09

家具的
工艺设计

家具产品的成型方法有很多，而每一种方法又包含许多制造方法，除此之外，还有许多工艺技术用于完成最终的产品模具，例如印刷、喷涂和雕刻。下面将介绍最常用的制造方法和工艺。

9.1 切削

切削加工，就是利用尖锐锋利的工具，如刀或锯，将物体多余的材料切除，或按照比例切除的加工方法。

（1）钻削

钻削加工是在板材上使用钻刀高速旋转钻孔，并切除材料的加工方法。此过程中需要向钻刀喷射冷却液冷却钻刀，润滑切割面，同时冲走钻削过程中产生的钻削碎屑。

（2）镗削

镗削加工是一种使用镗刀旋转切削的加工方法，主要用于扩大钻削和铸造孔洞。镗削具有很高的精度，还可切割出圆锥孔。

（3）铣削

铣削加工是利用铣刀旋转切削的加工方法。铣削可以加工金属、塑料等多种固体材料。铣削加工主要在铣床上完成，可以进行刨平、钻孔、打线和雕刻等工艺。普通的铣床需要手动控制加工过程，数控机床则可使用计算机自动控制系统加工。

（4）刨削

刨削加工是刨刀对材料以水平方向做直线往复运动的切削加工方法，可以产生雕刻的效果。

（5）车削

车削加工主要是利用车刀围绕工件旋转切割的加工过程。车削的产品都是类似圆柱或圆锥的回转体，即限制生产截面是圆形的产品。车削模具成本低，加工的材料多样，小批量生产到大批量加工均可。车削工艺特点如表9-1所示。

表9-1　车削工艺特点

成本	模具成本低，单位成本低
质量	高
生产规模	单件到中等规模制造
替代技术	激光切割

（6）模切

模切加工是利用具有一定形状的锋利模具刀，在压力的作用下切割材料的过程。切割后的材料会留下模具刀的形状。因为模切工具的成本较低，所以是小批量生产的理想加工方法。但是如果运用模切的方式加工三维产品，就需要复杂的模切过程，这包括了昂贵的手工装配或二次切割过程。模切工艺特点如表9-2所示。

表9-2　模切工艺特点

成本	模具成本低，单位成本低
质量	高
生产规模	单件到中等规模制造
替代技术	激光切割

（7）冲压与冲孔

冲压与冲孔是利用硬化钢对薄片材料冲孔，并切除冲孔部分的加工方法，其工艺特点如表9-3所示。

表9-3　冲压与冲孔工艺特点

成本	模具成本低至中等，单位成本低
质量	高，但切割边缘需要处理
生产规模	单件到大规模制造
替代技术	CNC 机加工、激光切割、水刀切割

（8）水刀切割

水刀切割是利用高压水柱形成的锋利切割刃，切割金属或其他固体，例如玻璃、石头材料的加工方法。水刀切割的加工过程不需要加热金属，因此不会引起金属形变。然而喷射的水柱压力会随着切割的深度而逐渐减小，金属越厚，切割的边缘越容易变形。为了保证金属不被折回的水柱破坏，通常会使用一层塑料进行保护。水刀切割的工艺特点如表9-4所示。

表9-4　水刀切割工艺特点

成本	无模具成本和单位成本
质量	良好
生产规模	单件到中等规模制造
替代技术	激光切割、模切、冲压与冲孔

（9）激光切割

激光切割是利用计算机控制高能激光，切割金属或其他不反光材料的加工方法。激光切割可以切割复杂的形状，并且切割边缘非常整齐，表面质量高。此加工方法的优点是不需要昂贵的模具，但切割材料的速度慢。这就意味着激光切割更加适合单件或小批量生产的家具产品。激光切割工艺特点如表9-5所示。

表9-5　激光切割工艺特点

成本	无模具成本，单位成本中等
质量	高
生产规模	单件到大规模制造
替代技术	CNC 机加工、激光切割、水刀切割

（10）蚀刻

蚀刻是利用酸的腐蚀性将金属表面没有保护的部分蚀断。光蚀刻法是将光敏材料涂在金属表面，然后利用曝光照射蚀刻金属。蚀刻工艺特点如表9-6所示。

表9-6　蚀刻工艺特点

成本	模具成本极低，但单位成本较高
质量	高
生产规模	单件到大规模制造
替代技术	CNC 机加工及雕刻技术、激光切割

9.2 连接

连接主要指利用机械结构或化学方式，将不同的部分连接成为一个整体。

（1）锚接

锚接是一种机械的连接加工方法。锚接可分为活动连接和永久连接，经常使用于产品装配，例如铆接、钉接、卡扣等。锚接工艺特点见表9-7。

表9-7　锚接工艺特点

成本	无模具成本，但需要设备和人工
质量	适用低至高强度连接
生产规模	单件到大规模制造
替代技术	粘接、焊接、细木加工（木材）

（2）粘接

粘接是利用胶黏剂将两个或多个部分连接在一起的加工方法。粘接过程会使用到一些机械辅助结构，如夹具或托架防止错位，以确保更加安全地连接。这种方法常用于加工塑料，也可以用于连接金属，其工艺特点如表9-8所示。

表9-8　粘接工艺特点

成本	无模具成本，但需要特殊设备和额外的锚栓
质量	高强度连接
生产规模	单件到中等规模制造
替代技术	锚接、焊接

（3）钎焊和铜焊

钎焊和铜焊主要用于金属件的连接加工。高温将钎焊、铜焊的金属合金焊条加热，熔化后便可将金属连接。注意要确保合金焊条的熔点低于所需连接的金属熔点，避免高温使金属件变形。金属钎焊和铜焊的合金焊条实际也是一种"胶水"，其特点是熔点非常低。钎焊和铜焊工艺特点如表9-9所示。

表9-9　钎焊和铜焊工艺特点

成本	无模具成本，但需要特殊设备，单位成本高
质量	高强度连接
生产规模	单件到大规模制造
替代技术	焊接

（4）焊接

焊接是通过加热或在压力的作用下，将金属连接在一起的加工过程。焊接的部分往往非常坚硬，甚至比被连接的金属还要坚硬。焊接分熔焊和固态焊两种。前者需要将加热的温度提高到金属熔点，然后连接，可能需要额外填充金属；后者则在金属熔点以下连接，但不需要额外填充金属。最常见的焊接方式是摩擦焊接，是将两部分焊接面充分摩擦，利用摩擦产生的热量使两部分焊接到一起。焊接工艺特点如表9-10所示。

表9-10　焊接工艺特点

成本	无模具成本，但需要特殊设备，单位成本低
质量	高强度连接
生产规模	单件到大规模制造
替代技术	粘接、锚接

案例

八角形椅子

如图9-1所示的这款八角形椅子，设计师使用了焊接在一起的金属丝作为椅子的材料。这是一个悬臂式的椅子，不是由一根钢管做成的。在制作椅子过程中，设计师采用了一种通常只在栅栏生产中使用的交叉线焊接技术，用12个只在座位表面重叠的环形线弯曲组成。

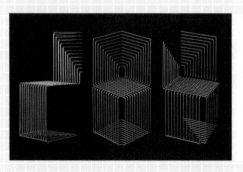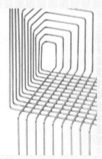

●图9-1　八角形椅子

（5）细木加工

细木加工主要指木材的加工方法。这种方法仅仅是使用胶水粘接，而并非利用铆接的方式。这个过程可以手工完成，也可以利用机器加工。细木加工可以打造多种结构和形式，适合制造家具、门窗和各种木材产品。细木加工工艺特点如表9-11所示。

表9-11　细木加工工艺特点

成本	无模具成本，但需要特殊设备，单位成本较高，并由复杂性决定
质量	高强度连接
生产规模	单件到中等规模制造
替代技术	锚接、焊接

（6）编织

这种方法是将绳条叠压形成相互交织的结构。传统的编织家具以竹子、藤条和柳条为材料，但是现代技术可以将更宽的材料编织在一起，且材质也不再局限于织物，可以是纸、塑料或金属等。编织主要是依靠相互叠压而形成坚固的结构，没有任何粘接，更加灵活、容易地变形和塑形，让设计师设计出复杂的形状。手工编织的过程相当缓慢，并且需要一定的劳动技能，而机器编织的速度就快很多。编织工艺特点如表9-12所示。

表9-12　编织工艺特点

成本	无模具成本
质量	因材料而异
生产规模	单件到大规模制造
替代技术	填充弹性材料，或层压木板及硬质材料的复合加工

（7）填充

通常使用的填充方法是将软硬部件与材料结合在一起，创造出精巧的家具产品。传统的沙发内部都会有木架结构支撑，然后再用泡沫垫填充，最后用织物或皮革包裹在外。不过如今传统的制造思维已经由创新精神所替代，例如没有木架结构的沙发。

案例

Le Bambole 沙发

设计师 Mario Bellini 以"用一块舒服的垫子包裹着身体"的构思，创造了性感、柔软有弹性的居家美学。极致自然的设计造型，如同布娃娃（Le Bambole）般的完美剪裁与精巧缝制手法，第一眼就恰当地传达了舒服、柔软、有弹性的鲜明印象（图9-2）。

● 图9-2　Le Bambole 沙发

（8）铸造

铸造是将液体材料倒入模具内冷却凝固的成型过程。在浇铸液体凝固成型的过程中，要求液体竖直倾倒，避免液体溢出模具之外，破坏模具。

在制造过程中使用的铸造工具或模具，就是铸造成型所使用的腔体。模具的材料不局限于金属，主要根据所铸造成型的材料决定。大规模生产所使用的模具往往是具有一定的硬度和脆性的工具钢，而小规模或短期使用的模具可以选择质地坚硬的木头、塑料或铝等"软性"模具。

9.3　模塑

（1）注射模塑

注射模塑的过程是将粉末状的原始材料加热，并加压形成液体状态，然后再注入钢质模具内，经常使用高密度聚乙烯、聚丙烯、丙烯腈-丁二烯-苯乙烯为生产原料。注射模塑经常用来生产颜色丰富的热塑性塑料产品，如牙刷。注射模塑还可制作平面装饰，其方法是在成型过程中将印有装饰花纹的箔片放到模具内，然后再注射成型。注射模塑的用途十分广泛，可以生产复杂而精细的结构和形式，但必须考虑到制造投资，其工艺特点如表9-13所示。

表9-13　注射模塑工艺特点

成本	模具成本高，单位成本低
质量	表面质量非常高
生产规模	只适合大规模制造
替代技术	旋转模塑

案例

用聚酯纤维做的苔藓书架和珊瑚凳

作为一名创客和设计师，Yasuhiro Suzuki 对材料进行试验性研究，并提出创新性的家居产品设计方案。

"熔融家居组合"便是 Yasuhiro Suzuki 利用聚酯纤维为材料，采用注塑成型技术，探索合成材料在家居设计中的发展潜力。将聚酯纤维加热到一定温度，沿着固定的骨架成型，

●图9-3　类似苔藓类植物的肌理

冷却硬化后形成了特有的形状，这种方法形成的触感表面与自然材料的纹理不太一样，粗糙的纤维裹覆着外表面，好像是生长出的苔藓类植物（图9-3）。

苔藓书架设计成"口"形结构，内部空腔是柔软的质感，外表面在灯光的照射下，能够突出纤维表面的裂痕深度，将硬邦邦的工业材料变得很自然舒服。而且苔藓书架可以制作成不同的尺寸，以适应不同的空间（图9-4）。

珊瑚凳没有内部空腔，圆柱形周围一圈经过处理，使其变得坚硬、结实，提供了基本的支撑结构，上表面是相互交错的圆环，成为一个舒服的座垫（图9-5）。

●图9-4　苔藓书架　　　　　　　　　　●图9-5　珊瑚凳

（2）吹塑模塑

吹塑模塑用于加工中空的塑料制品，先将塑料熔融，然后用压缩空气将液态塑料吹入模具，并填满。当塑料冷却凝固后，将模具打开取出塑料。吹塑模塑往往用于大批量制造，主要是为了分担批量生产所产生的高昂的模具成本。然而，有时候也会使用较为简单的模具，以降低各个吹塑件的成本。吹塑模塑工艺特点如表9-14所示。

表9-14　吹塑模塑工艺特点

成本	模具成本中等，单位成本非常低
质量	高，厚度均匀，表面质量高
生产规模	只适合大规模制造
替代技术	注射模塑、旋转模塑

（3）浸渍模塑

浸渍模塑是人类历史上最古老的成型方法之一，简单地解释就是将模具浸入熔化的材料之中。最常见的浸渍模塑制造的产品就是橡胶手套和气球。浸渍模型对于小批量生产，成本非常低，其工艺特点如表9-15所示。

表9-15　浸渍模塑工艺特点

成本	模具成本中等，单位成本低至中等
质量	良好，且不会出现像其他模塑方法导致的分模线
生产规模	单件到大规模制造
替代技术	注射模塑

（4）反应注射模塑

此方法是注射模塑的一种简单方式，除热塑性塑料，热固性塑料也可在模具固化中使用。常见应用是发泡模具，可用于家具和软性玩具。反应注射模塑工艺特点如表9-16所示。

表9-16　反应注射模塑工艺特点

成本	模具成本低至中等
质量	高质量模型
生产规模	单件到大规模制造
替代技术	注射模塑

（5）玻璃吹制

玻璃吹制的过程是将熔化的玻璃液放到吹杆的一端，然后从另一端吹制成型。手工吹制的玻璃品可以加工成多种形式，适用于生产单件、小批量或中等规模的产品，但是因为要求吹制工人具有高超的技术，所以单位成本非常高。工业玻璃吹制和吹制模具提供了低成本生产的可能，但是模具成本高，并且设计师也被限制只能生产相对简单的形式。玻璃吹制工艺特点如表9-17所示。

表9-17　玻璃吹制工艺特点

成本	对于玻璃制造作坊成本低，对于工业化规模生产模具成本高，但单位成本低
质量	高，且具有很高价值
生产规模	单件到大规模制造
替代技术	如果可以使用塑料作为替代品，则采用吹塑模塑

（6）旋转模塑

旋转模塑比较适合加工尺寸较大的中空产品或零部件，制造方法非常简单，适合小批量生产。首先将塑料颗粒或液体塑料放进中空的模具内，然后在外部加热并旋转模具。受热后塑料成液态，在旋转的离心力和重力作用下均匀地分布在模具内部的表面。旋转模塑的成本低廉，对模具要求低，适合万件以下的生产规模，但不适合小尺寸、对精度要求高的产品和零件。而且旋转时间长，相对注射模塑无法生产细小的结构。旋转模塑工艺特点如表9-18所示。

表9-18　旋转模塑工艺特点

成本	模具成本中等，单位成本低，但是需要平均 30min 的旋转时间，因此规模化生产会提高成本
质量	平整的表面，但冷却变形后会造成体积误差
生产规模	小到中等规模制造
替代技术	吹塑模塑、热压成型

9.4　铸造

（1）压模铸造

压模铸造是将熔态金属注入模具中，压力铸造成型的加工方法。压模铸造可以制作出具有完美表面的复杂形状以及精确的尺寸，其工艺特点如表9-19所示。

表9-19　压模铸造工艺特点

成本	模具成本高，单位成本低
质量	表面质量非常高
生产规模	大规模制造
替代技术	砂型铸造、机加工

（2）压缩铸造

压缩铸造的过程是将陶瓷、热固性塑料或高弹体聚合材料等置于加热的模具内，通过压缩让材料冷却硬化成型的加工方法。在生产过程中，模具的拼接处会溢出许多废料，形成分

模线，需要后期修整。20世纪20年代，这种方法在塑料工业中首次使用，主要用于制造胶木。压缩铸造比较适合生产大片平整且具有厚度的产品，其工艺特点如表9-20所示。

表9-20　压缩铸造工艺特点

成本	模具成本中等，单位成本低
质量	表面质量高，可制造高强度零部件
生产规模	中等到大规模制造
替代技术	注射模型

（3）粉浆浇注

粉浆浇注是一种传统的陶瓷加工方法，首先是将土浆的混合液体倒进模具中，当液体从土浆中蒸发，陶土就会沉积并在模具表面形成外壳。当外壳达到所需厚度时，就可停止加入土浆，并将多余的土浆从模具中倒出。然后再将结壳的土浆从模具中取出、晾干，最后放到窑中烧制。粉浆浇注的优点是成本非常低，容易加工复杂的形式，其工艺特点如表9-21所示。

表9-21　粉浆浇注工艺特点

成本	模具成本低，单位成本较高
质量	表面因模具、釉层的质量以及工人技术的高低而异
生产规模	小规模制造
替代技术	传统的黏土窑制加工法

（4）锻造

锻造是一种传统的金属成型加工方法，是利用锻压机械对金属施加压力，使其产生塑性变形的加工方法。手工锻造可以使用重锤敲打使金属成型。锻造工艺特点如表9-22所示。

表9-22　锻造工艺特点

成本	模具成本高，单位成本中等
质量	锻造金属具有良好的结构
生产规模	单件到大规模制造
替代技术	铸造、机加工

（5）金属旋压

金属旋压主要是通过旋轮对旋轮的坯料施加压力，从而获得各种形状的空心旋转体零件的加工过程。此方法多用于成型开放形状的工件，而且需要后期的表面处理来达到所需要的质量。金属旋压工艺特点如表9-23所示。

表9-23　金属旋压工艺特点

成本	模具成本低，单位成本中等
质量	表面质量因操作者的技术和旋压速度而异
生产规模	单件到大规模制造
替代技术	深拉技术

（6）熔模铸造

熔模铸造也叫作失蜡铸造、消失模铸造，主要用于生产高质量的复杂形状产品。首先需要制造一次性蜡模，然后给蜡模附上瓷土制作模具。接下来加热模具，使蜡熔化，剩下的瓷土模具具有非常精细而高质量的结构。熔模铸造可以加工非常复杂的形状，而且不需要机器再加工，可以通过铸造中空的产品来降低产品重量。熔模铸造工艺特点如表9-24所示。

表9-24　熔模铸造工艺特点

成本	模具成本低，单位成本较高
质量	非常高
生产规模	小到大规模制造
替代技术	压模铸造、砂型铸造

（7）砂型铸造

砂型铸造是传统的低成本成型加工方法，主要利用砂腔作为模具铸造金属。首先制作砂腔，通常会以木头为材料，然后将熔化的金属浇铸到腔体中。当金属冷却后，再将凝固的金属从砂腔中分离出来。砂型铸造的零部件往往多孔、不平整，因此需要后期的表面处理。砂型铸造是一种高强度密集型的工作，其工艺特点如表9-25所示。

表9-25 砂型铸造工艺特点

成本	模具成本低，单位成本中等
质量	表面粗糙
生产规模	单件到中等规模制造
替代技术	压模铸造

9.5 成型

成型加工包含了一系列加工制造过程，如将薄片、管子和棒子处理成预先确定的形式。

（1）弯曲加工

这种加工形式是以手工或CNC形式，将金属片、管或棒状物折叠成为三维形式，其工艺特点如表9-26所示。

表9-26 弯曲加工工艺特点

成本	使用标准工具，无成本，如果使用特殊工具，成本高，单位成本中等
质量	高
生产规模	单件到大规模制造
替代技术	无

（2）钣金加工

这个过程要求高技术工人，通过使用各种工具和方法，拉伸或压缩片状金属，可创造出多种形状，其工艺特点如表9-27所示。

表9-27 钣金加工工艺特点

成本	模具成本低至中等，单位成本高
质量	手工过程可以打造高质量表面
生产规模	单件到小规模制造
替代技术	冲压加工

（3）冲压加工

这种大批量生产过程可将金属板材通过两个相对应的金属工具，冲压成为复杂的形状。这个方法可生产许多产品，从大尺寸的汽车车体，到小巧的手机外壳，其工艺特点如表9-28所示。

表9-28　冲压加工工艺特点

成本	模具成本高，单位成本中等
质量	高
生产规模	大规模制造，但会受到模具成本的影响
替代技术	钣金加工

（4）层压成型

将多层胶合板或木板通过强力黏合剂，在固定模具的作用下，形成坚固质轻的结构，一般用于建筑和家具制造（图9-6）。

① 层压木为合成材料，由木材和黏合剂复合而成，一般黏合剂分为两种：脲甲醛（室内用品）；酚脲醛（室外用品）。

② 灵活性较高的木材优先考虑，如桦木、山毛榉、橡木和胡桃木等。

③ 密度适中的纤维板（MDF）和胶合板也同样适用于层压成型工艺。

（5）热压成型

热压成型是将热塑性塑料板加热、软化，直至可以弯曲，然后再将其拉伸或放置在模具内，使其表面冷却成型的加工方法。最常用的方式是真空成型，即利用抽

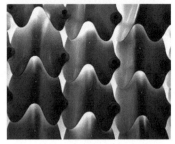

●图9-6　层压成型家具

取空气的方式将热塑性塑料成型。此种方法要求模具平整、整齐，同时热压成型的模型也不能具有互相垂直的面，并且需保证具有一定的拔模斜度和倒角，以便分离模具与产品。热压成型的模具成本相对低廉，小规模或大规模生产均适合，其工艺特点如表9-29所示。

表9-29 热压成型工艺特点

成本	模具成本低至中等，单位成本低至中等
质量	由材料和压力决定
生产规模	单件到大规模制造
替代技术	注射模塑、复合层压

（6）胶合板成型

胶合板成型主要用于家具制造，是一种将黏合的薄胶合板通过真空压塑弯曲的加工方法。虽然这种加工只可以将胶合板单方向弯曲，但在弯曲过程中可以借助手工控制弯曲的位置和弧度。胶合板成型也可以利用工业化工具，如压力机完成。薄胶合板层压成型的过程类似塑料成型的方式，但是很难达到完全相同的曲度和形式。胶合板成型工艺特点如表9-30所示。

表9-30 胶合板成型工艺特点

成本	由复杂性决定
质量	由材料决定
生产规模	单件到批量制造
替代技术	无

（7）蒸汽弯曲

蒸汽弯曲是利用高温蒸汽加热木材，待其变软后再进行大弧度弯曲的加工方法。此方法结合了传统的手工技术与工业技术，其工艺特点如表9-31所示。而第一个使用蒸汽弯曲进行工业制造的制造商是19世纪50年代的丹麦家具公司Thonet。

表9-31 蒸汽弯曲工艺特点

成本	模具成本低，单位成本较高
质量	良好
生产规模	单件到大批量制造
替代技术	CNC机加工，层压成型

（8）超级铝成型

当今技术突飞猛进地发展，新材料日新月异地更新。超级铝成型加工方法就是近年来涌现的创新制造技术之一。这是一种铝合金片成型的新方法，可以加工非常复杂的单件产品，其工艺特点如表9-32所示。

表9-32　超级铝成型工艺特点

成本	模具成本低至中等，单位成本较高
质量	良好的表面质量和尺寸公差
生产规模	小到中等规模制造
替代技术	冲压加工、热压成型

（9）玻璃热弯成型

玻璃热弯成型是将玻璃片充分加热，待其软化后再弯曲加工的方法。热弯是一个非常慢的过程，常用来制造碗和盘子。这种方法需要高超的技术，工人需要高超的技巧和丰富的经验。玻璃热弯成型工艺特点如表9-33所示。

表9-33　玻璃热弯成型工艺特点

成本	模具成本低，由于加工速度慢造成单位成本较高
质量	由人工的技术水平决定
生产规模	单件到大规模制造
替代技术	无

（10）快速成型

快速成型过程首先需要利用CAD软件完成产品的虚拟设计，然后将设计数据直接传送给快速成型机，最后机器会将液体、粉末或板材逐层叠加构成产品，完成加工。快速成型最初主要用于产品的原型制造，如今设计师积极利用此技术探索各种小批量、高质量产品的生产可能性。快速成型工艺特点如表9-34所示。

表9-34　快速成型工艺特点

成本	无模具成本，由于加工速度慢造成单位成本较高
质量	可以达到高质量，但由制造过程决定
生产规模	单件到小规模制造
替代技术	CNC 机加工

① 熔融沉积造型（FDM） 熔融沉积造型的过程首先使金属或高分子材料加热熔化，在计算机的控制下按照相关截面轮廓挤压，并将熔化的材料均匀地铺在断面层上。如此循环，最终形成三维产品。

② 光固化立体造型（SLA） 光固化立体造型是材料添加制造的过程，利用激光凝结光敏感液体树脂薄层，从而形成零件的一个薄层截面，并不断累加生成产品。SLA技术要求设计师提供CAD数据增加支撑结构，确保创造的形式不会在重力的作用下产生形变。此加工方法并不限制产品的几何形式，但是会比其他任何快速成型方法都慢。

③ 选择性激光烧结（SLS） 选择性激光烧结是一项特殊的加工技术，通过在烧结过程中使用高能激光，将陶瓷、金属或塑料的小片区域熔化。SLS可以制造高精度、高强度且轻质的零部件，但是相对其他快速成型技术，单位成本较高。

案例

用旧杂志浇铸成的家具

设计师Jens Praet就用旧杂志制作了一组名为"碎片（Shredded）"的家具，并非简单的物理捆绑，而且硬度堪比木材。

如图9-7所示，这套"碎片"家具包括两张桌子、一个书架和一个板凳，杂志用的是已经过期的《Elle Decor》室内装饰杂志，设计师首先将这些杂志切成碎片，然后通过透明树脂将其黏合、成型，最后得到的家具不仅看上去有类似石材的纹路，而且十分结实，硬度堪比普通的木制家具。

设计师变废为宝，把旧杂志变成了结实的家具，一举两得。

●图9-7 "碎片"家具

9.6 表面处理

许多制造出来的产品或零部件，都需要在表面进行额外的外观、性能和抗腐蚀处理。表面处理不仅美化外观，同时还具有特殊的作用，例如电镀、镀锌、印刷、贴标签，或蚀刻、雕刻、抛光和砂磨等削减处理。

（1）电镀

电镀是指利用电解原理在材料表面薄薄地镀上一层金属或合金的过程，主要的产品有镀铬的汽车保险杠、电镀首饰和装饰品等。电镀工艺特点如表9-35所示。

表9-35　电镀工艺特点

成本	无模具成本，单位成本高
质量	由电镀材料决定
生产规模	单件到大规模制造
替代技术	镀锌、油漆喷涂

（2）油漆喷涂

油漆喷涂以清漆、油漆、油墨为喷涂原料，运用喷射枪将油漆颗粒雾化，然后将其喷涂在表面，其工艺特点如表9-36所示。

表9-36　油漆喷涂工艺特点

成本	无模具成本，单位成本由产品的尺寸和复杂性决定
质量	由制造的过程决定
生产规模	单件到大规模制造
替代技术	粉末涂装

（3）粉末涂装

粉末涂装是将热塑性塑料的粉末喷涂在金属表面，当其熔化后产品表面便会形成有保护作用的耐久性涂层，其工艺特点如表9-37所示。

表9-37 粉末涂装工艺特点

成本	无模具成本，单位成本低
质量	光亮且均匀的高质量表面
生产规模	单件到大规模制造
替代技术	镀锌、油漆喷涂

（4）削减处理

削减处理是指通过各种对表面进行抛光、砂磨、磨削等的再加工，从而达到预期的表面效果，其工艺特点如表9-38所示。

表9-38 削减处理工艺特点

成本	无模具成本，单位成本由表面处理决定
质量	可达到高质量
生产规模	单件到大规模制造
替代技术	利用油漆喷涂或粉末涂装处理材料，如果需要不同的表面效果也可利用各种削减处理的方法

案例

多格斗柜 Secret Cupboard

抽屉的秘密源自中国古代小姐闺房中扇格的放大。整体框架采用美国白橡木或北美黑胡桃木，弧形燕尾槽圆角，进口柚木的抽屉面板让木纹和色彩产生节奏。最让人佩服的是，它运用了很难用机器复制的中国传统牛角拐机制，将现代造型结合传统工艺，整体无拉手设计，力求简洁雅致。多了精巧，少了繁复。这样的设计，是传统的再生，却让人恍若初见（图9-8）。

●图9-8 多格斗柜Secret
Cupboard

9.7 3D打印

3D打印技术（3D printing），也称三维打印技术，是指通过可以"打印"出真实物体的3D打印机，采用分层加工、叠加成型的方式逐层增加材料来生成3D实体。3D打印技术最突出的优点是不需机械加工或模具，就能直接从计算机图形数据中生成任何形状的物体，从而极大地缩短产品的研制周期，提高生产率和降低生产成本。

3D打印常用材料有玻璃纤维增强聚酰胺、耐用性尼龙材料、石膏材料、铝材料、钛合金、不锈钢、镀银、镀金、橡胶类材料。

该技术在家具、珠宝、鞋类、工业设计、建筑、工程和施工（AEC）、汽车、航空航天、牙科和医疗产业、教育、地理信息系统、土木工程、枪支以及其他领域都有所应用。

 案例

"堕落" 3D 打印凳子

正如油价攀升让人们"买得起汽车烧不起油"，3D打印机的售价越来越低，但打印耗材的成本依然让人难以承受。伦敦建筑师、设计师Daniel Widrig就一直在探索廉价的3D打印耗材。

他用一种糖、石膏和日本米酒的混合物打印了一把凳子，取名"堕落（Degenerate）"（图9-9）。造型看上去像是喀斯特地貌，设计师首先通过3D拼贴（tiling）软件建立凳子模型，然后在模型中去掉不需要的部分，最后将模型分解成高分辨率3D像素块。

最独特的地方在于打印耗材，Widrig没有采用ABS树脂等昂贵的打印耗材，而是将上述混合物用在标准3D打印机上。他相信这种混合材料可以提供更便宜的打印耗材，帮助更多人实现3D打印。

●图9-9 "堕落" 3D打印凳子

10

家具的设计流程

10.1　设计计划

初步设计、探究和制订计划阶段主要是关于设计师在正式开始设计之前所要完成的必要工作。探究和制订计划之前，设计师必须要做好必要的准备工作，合理安排个人时间，保证项目的顺利完成。设计一套天主教堂的室内陈设时，设计师需要付出大量的时间和精力了解天主教的礼拜仪式和每件仪式家具的用途，探究每件家具的设计目的和正确的摆放位置。为某一沙龙或水疗会所设计家具时，可能需要参加各种沙龙和水疗场所聚会，了解所提供的服务，观察顾客与员工之间的交流方式。为某一特定空间设计家具时，可能需要记录现有的建筑条件，目的是准确地了解空间尺寸和基本情况。观察、记录和分析为设计过程提供了重要的理论基础，也是初步设计阶段必须要完成的工作。

初步设计、探究和制订计划阶段也包括对技术标准的探究，这些技术标准往往受代码规则、经济条件或制作局限性的影响，为此可能需要耗费大量的时间才能完成（但客户并不会为这些时间买单）。

设计计划可制订得同便条留言那样简单明了，也可同小册子一样复杂烦琐。它是以文字的形式清楚地表达设计的目标和任务。设计计划可用于指导设计过程，也可用于制定评价作品参考参数的工具，为此设计师需要明确工作的范围、设计目的、作品的摆放环境以及完成设计各个方面所需的时间。尽管这一切并不能保证成功，但制订计划和在探究阶段付出的努力会增加成功的概率。

不管设计师采取哪种方法来确定家具的设计计划和设定预期的设计目标，设计师都需要考虑一些有关设计的基本问题。这些问题是在6个要素的基础上建立的，它们分别为：使用者（Who）、用途（What）、原因（Why）、时间（When）、地点（Where）以及方式（How）。

（1）使用者

① 这种产品的市场需求者是谁？

② 谁将会使用这款产品？

③ 谁是这款产品的销售者或者分销者？

④ 谁是这款产品的永久使用者？

（2）用途

① 这款产品的预期设计目的是什么？

② 这款产品的其他用途有哪些？

③ 它的竞争对象又会是什么？

④这款产品应包括哪些使用功能?

⑤这款产品的平均寿命是多长时间?

⑥这款家具的期望成本是多少?

案例

动起来能为手机充电的 moov 椅子

荷兰设计师Nathalie Teugels设计的这款名为moov的椅子（图10-1），在你坐下并移动它时，它便能为手机或平板充电。

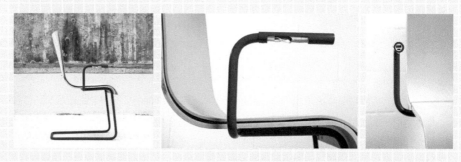

●图10-1　moov椅子

为了达到如此效果，设计师利用压电效应，赋予了材料发电的能力，当椅子受到如压力、振动等机械应力时，就能够发电。椅子上放置有传感器，当有人坐下或者移动时，它便会被激活。而灵活的悬臂结构更是让人有"动一动"的欲望，存储电量的电池与扶手处的USB插座相连，确保手机充电时不会离使用者太远。

设计灵感来自于一个关于设计师幼时多动症的故事："小时候总能听到大人们叫我安静坐好。正因如此，我希望将这种能量用积极的设计表现出来。这款椅子不需要安静坐好，而是要一直动起来，适合抖腿一族或是喜欢移动椅子的人。"

（3）原因

①为什么需要这款产品?

②为什么有人会买这款产品?

③为什么需要设计新的设计作品?

④为什么使用这款产品?

⑤ 为什么这款产品在制作过程中要使用手工、机器或数码技术制作?

（4）时间

① 这款家具什么时间可以使用?

② 这款家具什么时间需要维护?

③ 这款家具什么时间没有足够的存储能力?

④ 这款家具什么时间可以储存物品或移动?

（5）地点

① 这款家具应当放置在何处?

② 这款家具不应当放置在何处?

③ 这款家具的销售地点在哪儿?

④ 这款家具的制作材料来自哪儿?

⑤ 这款家具的制作地点是哪儿?

（6）方式

① 这款家具是如何实现功能的?

② 这款家具应当如何使用?

③ 这款家具具有哪些使用功能?

④ 这款家具是否适用于所有人?

10.2　制订方案

制订设计方案通常是设计第一阶段需要完成的工作。这些工作约需要花费总设计时间的10%～15%。在这一阶段，需要探究有关设计尺寸和造型的一般性决策问题。设计草图和粗糙的研究模型可用来了解设计方案，探究各部分间的构造关系。这一阶段可能只是从某种程度上解决了设计选材和细节方面的问题，但并没有完全解决。

其中最重要的是，我们要清楚设计调研最终是为了明确设计方向，得出设计定位，提炼设计理念，这些调研后的资料在经过分析总结后都可能是未来解决方案的基础。

（1）定位的意义

① 任何企业中的产品设计都是有限制的设计，这个限制的条件就是设计定位。设计定位是根据企业自身的条件和当时的市场情况确定的。简单地说，产品的设计定位就是指企业要

设计一个什么样的产品，它的目标客户群是谁，为了满足目标客户的需要，它应该具有什么样的使用功能和造型特征等。

② 设计师在产品设计开始以前，一定要有明确的设计定位，如果没有设计定位，设计师的思路就会因为不受限制而漫无边际地任意发挥，这样就会失去产品设计的方向与目标，使设计师无法抓住和解决产品设计中的主要矛盾和关键性的问题。产品的设计定位要在市场调研与分析的基础上进行。

只有经过充分的市场调研与分析，了解了市场中消费者的需求，工业设计师才能用比较客观、科学的尺度来为设计的产品给出恰当、准确的设计定位。

（2）如何定位

定位是在对前期所做的市场调研资料进行整理和总结的基础上，筛选出核心的问题。根据核心问题设计师应该充分发挥设计灵感，把问题转化为有创意的设计概念。所谓设计概念，就是指在调查分析的基础上将问题抽象化和具体化，将家具使用方式、功能、结构、造型等预想明确化。只有概念确立后，设计师才可能在这一概念的指导下展开具体的设计工作。设计的概念或者说定位直接关系到家具设计的成功与否。

（3）设计草图

家具设计草图是设计者在设计初期阶段，根据设计的构思，对家具的形态、尺寸、比例进行初步表现的一种图画表现形式。设计草图作为设计方案研讨的参照，为进一步深化设计奠定基础。家具设计草图不仅是设计者进行设计思想深化及再创造的依据，而且是最快捷的表现设计思想的方法。它类似结构素描的特点，以强调形态、比例、位置关系、空间构成等为主，为使表现更为充分，常根据设计意图辅以基本的色彩表现。

根据表现的内容，设计草图主要分为以下两种。

① 表现家具整体形态的设计草图　这种设计草图能快捷、大体地表现出家具的结构、功能、色彩、材料等因素所构成的家具整体形态，而它的局限是忽略了对家具造型设计的细节性问题。

② 表现家具局部形态的设计草图　这种设计草图能概括出家具的局部装饰、连接方式等家具的局部形态。它所涉及的局部形态，是对家具造型设计的细节性问题的初步探索，它与表现家具整体形态的设计草图形成互补的关系。因此，只有两种设计草图同时存在于一个设计文本中，才能全面地概括出家具造型设计初期的构思。

设计草图在表现方式上不拘一格，图形、文字、数字等都可以作为传达设计意图的载体。

10.3 设计深化

一般设计师需要花费总设计时间的15% ～ 20%才能完成这一阶段的工作。在这一阶段，设计师需要进一步地改进设计方案，确定作品的大体规格、制作材料以及摆放方向等问题。在这期间，设计草图演变为实测图，实测图通常用手工或计算机绘制。这一阶段结束时，一般已对家具的制作尺寸、设计比例、制作材料、颜色和视觉效果等方面做了进一步的探究，并做出了相关决策。但对于局部细节和连接处的设计方案还需要进一步的研究。但这一阶段需要确定家具的造型。

10.4 绘画制图

10.4.1 效果图

在图画表现形式中，效果图是设计者与他人进行沟通、交流的最佳形式之一，它的直观程度超过了图画表现的其他形式。根据表现技法的不同，常见的家具设计效果图有以下几种。

（1）水彩效果图

水彩是透明颜料，水彩画的特点是淡雅、明快，具有很强的表现力。效果图要选择尺寸合适的专用水彩纸，纸质较粗的一面为正面，可裱在画板上，画板可选用木制绘图板。水彩效果图起稿的原则是准确绘制底稿之后，再用硬铅笔将底稿复制在水彩纸上，使水彩纸面保持整洁。水彩效果图上色的原则一般是先浅后深、先远后近，有些面与物体需要多次反复地染色才能达到预期效果，如表现暗面时就需要多次上色（图10-2）。

（2）水粉效果图

水粉的特点是覆盖力强，能精细地表现出家具设计的细部特征，这是水彩所不及的。画水粉效果图可选择尺寸合适的专用水粉纸，也可以选择卡纸，而且把纸裱在画板

●图10-2　水彩效果图

上。由于水粉的覆盖力强，起稿后画面的整洁度可不作过高要求。但是，水粉的透明性不及水彩，因此，上色时一般是由深入浅。尽管水粉的覆盖力好，也不应落笔轻率，能一次完成就一次完成，反复涂改会产生灰脏混浊的色彩效果。水粉上色时经常会把部分轮廓线覆盖，因此，收尾时要将轮廓线进行修正（图10-3）。

（3）马克笔效果图

马克笔是快速表现技法中比较常用的绘画工具，它具有着色简便、笔触叠加后色彩变化丰富的特点。马克笔属于油性笔，它的颜色有上百种，且在纸张的使用上比较随意。马克笔的作画步骤与水彩技法很相近，先浅后深。在阴影或暗面用叠加的方法分出层次及色彩变化。也可以先用一些灰色笔画出大体阴影关系，然后上色。马克笔在运用前必须做到心中有数，因为其不易修改，也不宜反复涂改。落笔力求准确生动，尽量一次完成（图10-4）。

●图10-3　水粉效果图　　　　　　　　　　●图10-4　马克笔效果图

（4）彩铅效果图

彩铅也是快速表现技法中比较常用的绘画工具，它不仅具有马克笔的绘画优点，而且具有易修改的铅笔特点。彩铅有水性和油性两种，常用于效果图绘制的是水性彩铅，水性彩铅的颜色种类比较丰富，而且对纸张的选择也无过多要求。彩铅的作画步骤与铅笔素描很相近，也是由深入浅。笔触可粗可细，既可表现大体明暗，又可刻画局部细节。而且，水性彩铅可溶于水，必要时还可用湿毛笔进行渲染，以淡化笔触（图10-5）。

（5）计算机效果图

计算机效果图不同于以上四种手绘效果图。它是以计算机以及计算机中的绘图软件作为工具，通过输入命令与数据来绘制效果图。而常用的绘图软件有3D-Max、AutoCAD、Photoshop、CorelDRAW，等等。优秀的计算机效果图首先取决于成功的构思和出奇制胜的设计方案，它是设计者综合能力的集中表现。而要有效表达这种能力和传达设计意图，则需要对计算机以及相关的绘图软件有良好的掌握（图10-6）。

●图10-5　彩铅效果图

●图10-6　计算机效果图

（6）综合技法效果图

根据效果图表现技法的不同特点，一张效果图可以结合多种表现技法，各种技法扬长避短以达到效果图的最佳表现效果。如水彩与彩铅结合，先用水彩渲染大色，然后用彩铅表现某些细部或材料质感，能充分发挥两种工具的特性，又避免各自的弱点。又如水彩与马克笔结合，马克笔有快速、简捷的优点，但不便于涂大面积，因此，可以先用水彩画出大体颜色，然后用马克笔刻画细部以加强重量感、材质感。甚至还可以将手绘效果图输入计算机中，通过相关绘图软件的处理，使它们之间相互补充以实现最佳效果。

10.4.2 结构装配图

在图画表现形式中，结构装配图是最具理性的表现方式，它是设计者与专业人士（主要指制作者、维修者等）进行沟通、交流的最佳方式。结构装配图应根据设计对象的结构特点、材料特点、工艺特点，并按照业内的相关标准格式来制作，使其他专业人士能准确、详细地理解图纸所传达的技术内容。

为了传递准确的技术内容，结构装配图主要包括以下几个方面的内容。

（1）视图

结构装配图中的视图包括基本视图、特殊方向的视图，以及针对个别零件和部件的局部视图等。基本视图除了要反映不同方向上物体的外形以外，还力图反映内部结构，因此，基本视图很多时候都以剖视图的形式出现，而且剖视图还要尽最大可能把内部结构表达清楚，特别是连接部件的结构。

（2）尺寸

结构装配图是家具制作的重要文件，除了表示形状的图形外，还要把它的尺寸标注详细。做到所需要的尺寸一般都可以在图上找到。尺寸标注包括以下几个方面。

①总体轮廓尺寸　即家具的规格尺寸，指总宽、深和高。
②部件尺寸　如抽屉、门等。
③零件尺寸　方材要首先标注出断面尺寸，板材则一般要分别标注出宽厚。
④零件、部件的定位尺寸　指零件、部件相对位置的尺寸。

尺寸标注不是随心所欲的，"尺寸基准"是家具图样中一个非常重要的概念。尺寸基准就是在测量家具时或者进行家具生产加工时，进行测量的起始位置和作为参照系的尺寸点。

（3）零、部件编号和明细表

为了适应工厂的批量生产，随着结构装配图等生产用图纸的下达，同时还应有一个包括所有零件、部件、附件等耗用材料的清单，这就是明细表。明细表常见内容有零件与部件的名称、数量、规格、尺寸，如果用木材还应注明树种、材种、材积等，此外还有相关附件、涂料、胶料的规格和数量。

为了方便在图纸上查找与明细表相应的零、部件，就需要对零、部件进行编号。图中编号用细实线引出，线的末端指向所编零、部件，用小黑点以示位置。

（4）技术条件

技术条件是指达到设计要求的各项质量指标，其内容有的可以在图中标出，有的则只能用文字说明。

10.4.3 零、部件图

结构装配图由于受整体结构、图纸型号等因素的影响，很难将家具所有的零、部件表示清楚。因此，就需要在结构装配图以外的图纸上，针对性地绘制家具的零、部件，以完善设计信息的传达。而这种表现家具零件与部件的图纸，就称为零件图与部件图。

（1）零件图

零件图是为了加工零件用的，从设计上应满足家具对零件的要求，如形状、尺寸、材料、工艺等。从加工工艺上则应该便于看图下料，进行各道工序加工，因此，视图的选择还要符合加工需要。

（2）部件图

家具部件是指构成家具的一个组成部分，如脚架、抽屉等。部件常由若干个零件组成。因此，部件图与结构装配图一样，也要绘制出各个部件内的各个零件的形状大小和它们之间的装配关系、标注部件的尺寸和零件的主要尺寸，必要时也要标明技术要求。部件图的绘制法与结构装配图相同，可以采用视图、剖视图、剖面图等一系列表达法，包括采用局部详图等。

10.4.4 绘制制作图

制作图也称为结构图、施工图或者合同文件，是设计师交给制作者用以制作和定价的参考标准。在开始正式制作之前，所有有关设计的批评意见都要在图纸或计算机上一一罗列出来，并做出详细说明。这一阶段的工作任务一般需要花费总设计时间的30% ~ 40%来完成。

准备制作图时，设计师应清楚地明确制作之前需要做出的决策内容，并对其详细说明。在这一阶段，各种制作尺寸应精确到1/16in（1in=2.54cm）。这一时期，设计师需要完成制作材料的选择、木材纹理方向的确定、质量说明书的撰写、装饰面的选择、制作细节的确定以及编写技术性说明书等工作。对于由金属和塑料制成的批量生产家具，制作图的要求更详细、更严格。根据制作者的工作性质和家具本身的特性确定这一阶段的工作是一个标志性的转折点，它标志着设计师在家具正式投入生产之前，完成了客户交代的工作任务，满足了他们的要求。尽管家具设计师今后还要面临更多的工作任务，但是制作图的完成消除了将设计方案转变成实体形式的主要障碍。

制作技术资料可用于帮助设计师明确如何说明和叙述合同文件，以及如何避免在制作过程中出现的意外情况等问题。例如，在美国，美国建筑木造业协会为设计和制作木质家具制定了一系列完美的参考标准和规范。

10.5 合同谈判

在设计深化阶段设计师已对制作成本有了大体的了解，但在完成制作图和说明书之前，想要准确地获知家具的制作成本是不可能的。路德维希·密斯·凡·德·罗曾说："上帝在细节之中。"他是对的，但他忽略了"魔鬼也在细节之中"。细节对制作成本有着重大影响，这就明白了设计师为什么要在完成合同文件之后才将自己的设计图交给制作者。在设计过程尽早地与制作者进行沟通交流是十分有道理的。一旦合同图纸完成，制作者就开始进行检验，准确地确定家具的制作成本、制作时间和安装时间。在这一阶段，设计师认真回答制作者提出的问题，组织相关的投标和中标过程。如果在制作过程中出现了问题，制作者应提前与设计者沟通交流，然后一起找到解决方法。

当家具设计者并不是制作者时，设计师想要提高设计的成功率，所能做的就是积极寻找完成这项工作的最佳制作者。一位好的制作者在制作开始之前就能够预测到设计中可能存在的问题，并与设计师一起想办法解决问题，改进设计方案。一位好的家具制作者还应当与设计师一起检测设计的性能和技术现状，当出现问题时，能够通力合作，做出适当调整，共同提高产品性能。合同谈判包括以上这些内容和确定生产成本。这一阶段需要设计师与制作者、工匠和手工艺人不断地沟通交流，它所需的时间约占总设计时间的5%。谈判的内容涉及工作的范围、生产成本、每位参与者要承担的相关责任以及制定生产与安装进度表。

10.6 原型和测试

一旦确定了制作者，客户与制作者之间签订了合作合同，制作者就要准备制造图和制作模板，有时候还要制作一件作品原型，用于测试设计的各个方面。制造图和原型样件包含了设计最详细、最明确的信息，它们产生于设计完成之后，正式开始投入生产之前的过渡时期。制造图可能用来制作某处细节的实物模型，或表明测试和修改发包图样的需要。制造图需要不断地修改，每一处改动都要经过设计者的许可。产品制作完成后，这些文件仍需保存完好，以便日后出现问题或引起争端时作为参考凭证。

原型样件可用于测试和确定设计作品的造型和结构。原型制作是设计作品正式投入生产之前的最后阶段，这对于整个设计过程来说至关重要（认真制作的、体现设计方案的设计图进入到了最具挑战性阶段）。

制作设计模板和造型是为了原型样件的制作。有时候，机械模板和建筑模板占据了家具成本的大部分。设计和制作模板是一门艺术，需要认真地构思和推敲。作为家具制作的途径和方法，这一重要工作一般由制作者亲自来完成。然而，由于许多设计作品结构、造型和美学意义的不可分割性，设计和制作之间的界限并不明显。

家具的强度、稳定性、耐用性和安全性测试是把一个产品推向市场前的一个必要环节。涉及到特定类型的对象，如家用和合同环境中使用的椅子或双层床，大部分发达国家都有自己的家具性能标准。例如，在英国，家具、室内装潢都必须测试易燃性，而对椅子强度的测试则不被要求。

但是，如果零售商销售一个危险的产品，他们将为产品的失败所造成的任何问题承担责任，所以所有成规模的零售商都会聘请技术人员或质量保证经理评测其销售的所有产品。为了让制造商和设计师没有被诉讼的风险，独立的第三方机构，如英国的 FIRA（家居行业研究协会），为家具检测提供设备并提供法律和技术验证。

广泛的测试被应用到新产品当中，这些测试主要是为了建立一个适合其用途的设计——它会经得起长时间使用而不失效或因断裂成为可能的危险。另一个方面的测试是检查其尺寸参数是否已遵守该国家的设计标准（虽然经过概念开发阶段，这样的问题应该不存在）。

明确符合人体工程学的家具（如一个可调节的书桌或工作椅）的开发和验证（至少是商业产品）应该有人体工程学或人因工程专家参与。简单地把人体测量数据运用到设计的开发中，不一定会使该产品符合人体工程学。人体工程学带来了大量已建立的理论和当前的实践知识，并能通过对前提或要求的验证，帮助符合人体工程学的产品创造价值。

家具设计的各个方面通常需要具有可用性或某种与安全相关的、符合人体工程学的测试，但并非总是如此。所有这种评估都应该作为设计开发过程中的一部分。

一些评估是可以通过简单的原型立即实现，而另一些则需要更复杂的测试和观察研究。简单地判断一件家具是否舒适或易用，需要把更多的考察作为可用性或人体工程学研究的一部分。例如，一个超柔软的沙发最初可能让人感觉很舒服，但这可能会导致一个不良的坐姿。相反，这种效果可能会损害乘坐者的身体，并且长期使用导致问题加剧。同样地，在办公室环境中的单个存储元件可能会很容易获取，但作为一个正常使用中的系统来说，它们的排列布置可能是低效的，并会造成肌肉拉伤或受伤的风险。

除了材料和人体工程学测试以外，儿童家具和相关居家产品要经过英国、欧洲和国际标准测试由强度和稳定性问题引起的事故、窒息或挤压伤的风险。

英国和欧洲标准与一般的设计指导不同，其规定了适应大部分家具的安全尺寸参数。例如，婴儿床的最低深度（从床垫到上横梁高度）为500mm，该尺寸足以防止一个站立的儿童掉落。

床的栅栏必须垂直，以防止儿童攀登，而且应该有45～65mm的缺口，以减少孩子被困住和令其窒息的危险。出于同样的原因，床垫和栅栏之间的间隙，也应不超过40mm。

这些参数都是根据事故分析和理论测试，以证据为基础开发出来的。因此，虽然完整的指导性文件的价格是相对昂贵的，学生们可能只能获得删节的版本，但是为儿童开发的设计项目绝不能没有这些参考设计标准。

下面列举一部分测试标准实例。

① 黏合剂测试　黏合剂的质量研究。表面和边缘的黏合故障会导致表面和结构上的缺陷。

② 椅子和乘坐测试　涵盖范围广泛的标准。这些测试的每个阶段要解决如强度、耐用性、稳定性和安全性等问题。

③ 人体工程学测试　有许多与人体工程学有关的英国、欧洲和国际标准，涉及产品的使用和教育领域。

④ 易燃性测试　在产品可以向公众出售之前，泡沫、填充物和针织物的等级，必须符合严格的规定。

⑤ 甲醛检测　大多数甲醛会留在人造木材板中，但随着时间的推移，在一定条件下释放出少量的"游离甲醛"。严格限制管控使游离甲醛处于可接受的水平。

⑥ 人造木材测试　确定人造木板的质量，分析木板的强度、螺钉握力、含砂量和尺寸稳定性。

10.7　产品生产

此时，设计者和制作者建立良好合作关系的重要性愈发明显。设计师观看作品的制作过程，但一般不会对其进行监督，除非设计师向客户委托了专业设计或制作服务机构来完成这一工作。尽管如此，但查看制作过程仍是家具设计师的重要责任。家具的制作过程约要花费总设计时间的30%～35%。如果调整了工作范围，制作者应为客户花费的额外时间和消耗的制作材料开具详细清单。

在这一过程中，设计师的工作变为检查、监督制作过程以及向客户描述家具，如果出现问题,设计师应积极寻求解决方案。监管意味着责任感,因此,当出现问题时,设计师有义务帮助解决。设计师对自己的设计作品负责,而制作者则负责家具的制作生产,客户则负责对产品的认可和支付工作。

10.8　配送安装

这一阶段涉及家具成品的配送、安装和确认,需要设计师和制作者的配合。这一阶段的工作包括认真细致的准备工作、维修途中损害的家具、安装内置部件、在特定空间环境下布置家具以及为客户提供家具维护和维修时间表。

案例

一种材料引发的项目探究

The Andes House 是来自智利的产品和室内设计工作室。他们和来自挪威的 Kneip 工作室一样,喜欢通过项目对材料进行探究,以最大限度地发挥材料本身性质的优势。他们的 ensamble 项目,便是应 Arauco 公司要求来对一种名叫"cholguan"的复合木板进行探究,希望打造出适合当前环境的产品,迎合顾客的需要。

再创造的基础是"熟悉",所以他们的首要任务便是观察材料和了解它们的制作过程(图10-7)。最令他们惊讶的是其中的"湿法步骤",能将液态混合物变为干燥的产品。但也正因如此,才使得干燥后的面板极具灵活性、可弯曲性,值得被重点利用。设计师也希望能找到一种方式能更好地体现这一特点,比如用作空间的划分和整理,以适应不同的需求和风格。

●图10-7　观察材料和了解它们的制作过程

低成本又是一大影响设计逻辑和系统解决方案的特点。这也使得设计师搭配以低价的元素，比如中密度纤维板、用以连接组件的胶水和简单的组装方法。基于此种考虑，设计师打造了5种面板，适应不同的布局。它们重量轻、易组装，方便使用和更改（图10-8）。

　　第一次尝试，设计师用这些面板搭配上系列配件，打造了一个办公室工作空间。不过他们相信，这种材料还有很大的潜力，应用在学校、图书馆、紧急情况下来分割空间，它都能发挥作用（图10-9）。

●图10-8　设计师基于低成本打造了5种面板

●图10-9　用这些面板搭配上系列配件打造的办公室工作空间

11 人机工程学

人体工程学（Human Engineering），也称人类工程学、人体工学、人间工学或工效学（Ergonomics）。工效学Ergonomics原出希腊文"Ergo"，即"工作、劳动"和"nomos"即"规律、效果"，也即探讨人们劳动、工作效果、效能的规律性。人体工程学是由6门分支学科组成的，即：人体测量学、生物力学、劳动生理学、环境生理学、工程心理学、时间与工作研究学。人体工程学诞生于第二次世界大战之后。

按照国际工效学会所下的定义，人体工程学是一门"研究人在某种工作环境中的解剖学、生理学和心理学等方面的各种因素；研究人和机器及环境的相互作用；研究在工作中、家庭生活中和休假时怎样统一考虑工作效率、人的健康、安全和舒适等问题的科学"。日本千叶大学小原教授认为："人体工程学是探知人体的工作能力及其极限，从而使人们所从事的工作趋向适应人体解剖学、生理学、心理学的各种特征。"

（1）家具设计中的人机因素分析

人的一生至少有三分之二的时间在室内度过，家具在个人家庭、社会的生活空间中有着不可替代的作用，也一直影响着人们的生活质量。因此，家具设计的任务是以家具为主体，为人类生活与工作创造便利、舒适的物质条件，并在此基础上满足人们的精神需求。

家具设计的人机因素主要从人机尺度、形态、功能、色彩这四个方面来进行探索，从不同的角度更好地满足人类生活对于家具设计的需求。

（2）家具设计中人机工程学的应用

从人体工程学的角度考虑，离身体越近的物品就越需要进行费心思的设计。与人类最接近的物品首先是衣服，其次是家具，再次是与地面、墙壁、顶棚等室内有关的要素。可是实际情况并非如此，我们可以在衣服和建筑物外观上投入较多的花费，但室内却是马马虎虎的。在室内陈列着的扫把以及用普通价格买来的椅子和桌子，与现代的办公室很不协调。这也是由不同的生活理念和不同的生活方式而产生的结果。随着生活水平的不断提高，人们对于生活质量也更加关注，室内的家具和家具的设计更应引起高度的重视。人体工程学的研究成果也是为解决人与建筑环境、室内的矛盾提供重要的科学依据。

（3）各类家具的人机学分析

① 座椅类家具设计的人机工程学分析　座椅不论是桌高还是座高、座深、靠背及座背夹角，都和人体的尺寸是密切相关的。椅子可以说是最直接的、最小的人性环境，因此也是美学与科技共同实现的一个载体。座椅比较复杂，需要适合人体的两种姿势：直立坐姿和放松坐姿。例如有研究资料记载：椅的前缘可以调节至125mm，这样可以适合所有成年

人。椅垫应该让人舒服、透气并有摩擦，避免使用粗糙的无定形的织物，等等。这些都是人机工程在座椅类家具设计中的应用可见。

② 桌子类家具设计的人机工程学分析　桌子最主要的功能就是为人们阅读、书写一些办公事务提供载体，办公室工作通常在水平台面上进行，但有研究发现，适度倾斜的台面更适合于这类作业，实际设计中也有采用斜工作面的例子。当台面倾斜（12°～24°）时，人的姿势较自然，与水平工作面相比，人类的疲劳感与不适感相对减少。这些都是人机工程学在桌子类家具中的应用。

③ 屏风隔断及其他家具人机分析　室内屏风式隔断在不同程度上起到了隔声和遮挡视线的作用，而且还能划分室内的范围和通行通道。隔断的高度是为了遮挡人的视线，人的体位决定隔断高度。根据是把隔断一侧坐着的人的视线与另一侧站着的人的视线隔开，还是分隔两侧坐着的人的视线，可以把隔断设计成三种高度。高的隔断在界定分区时相当有用，但最好能配合较低的隔断，尤其在视觉接触的区域更是如此。

另外，一些小型家具也是家具系统中独具魅力的一部分，如移动柜或推柜、移动长柜、桌边柜、移动推车等。它们的特点是体积小、可自由移动，因此通常作为工作进行时的支援。这些小型家具与其他家具的可组合性极强，并且节约空间。

11.1　人机关系确定原则

（1）满足功能需求的原则

满足使用功能是家具设计的基础，符合人们的行为尺度和习惯，使人们的生活更加便捷、更加方便。

（2）比例协调的原则

家具的高度、宽度、深度三维尺度比例相互协调，符合人们的审美观念。同时与周围物品环境的尺度比例相协调。

（3）稳定性和安全性原则

家具作为日常生活用品，必须考虑它的稳定性和安全性。家具的尺度设计和形体的比例与其稳定有直接的关系，不能给用户易倾倒、危险的感觉。

11.2 坐卧类家具的尺度设计

11.2.1 坐具的尺寸设计

坐具包括工作椅、扶手椅、凳子、轻便沙发椅、大型沙发椅、躺椅等。坐具的人性化设计体现在对每一个具体细节的舒适性、安全性的考虑。从适合人体功能的角度入手主要考虑以下几个方面。

（1）座高

座高指座面前沿至地面的高度。座高是影响坐姿舒适程度的主要原因之一，座面高度不合理会导致不正确的坐姿，并且坐得时间长了，就会使人体腰部产生疲劳感。

座面过高，大腿前半部软组织受压力过大容易麻木。座面过低，人体前屈，背部肌肉负荷增大，重力过于集中座首，易于疲劳，并且起立不变。

合理的座面高度应该是臀部全部着座，但坐骨骨节处体压最高，向前逐渐减小，使身体的重力均匀地分布在大腿和臀部上。

椅子的高度是由人的小腿的长度决定的（通常也应该把鞋跟的高度考虑进去），一般工作椅座高为400 ~ 440mm;轻便沙发座高为330 ~ 380mm。凳子因为无靠背，所以腰椎的稳定只能靠凳高来调节。凳面高度为400mm时，腰椎的活动度最高，即最易疲劳。其他高度的凳子，其人体腰椎的活动度下降，随之舒适度增大，这就意味着（凳子在没有靠背的情况下）凳子看起来座高适中的（400mm高）反而腰部活动最强，也就是说，凳高应稍高或稍低于此值。在实际生活中出现的人们喜欢坐矮板凳从事活动的道理就在于此，人们在酒吧间坐高凳活动的道理也相同。

（2）座宽

座宽指座面宽度。宽度应略大于臀宽，使臀部得到完全支持，并有随时调整坐姿的余地。工作椅座宽不小于350mm，联排座应宽些，使人能自由活动；报告厅、影剧院排椅应不小于540mm，餐桌、座谈桌的排椅应达到660 ~ 690mm。

（3）座深

座深指椅面前沿至后沿的距离。座深应足够大，使大腿前部有所支持，但不能过深，以免腰部支撑点悬空，小腿腘窝受压不舒服，应使小腿与座前沿有60mm的间隙。一般工作椅不大于430mm，休息椅座深可大些，沙发是软座面，坐下后会下沉，使得实际座面后沿前移，座深应大些，但不要大于530mm。

（4）座面曲度

座面曲度指座面的凹凸度，它直接影响身体重力的分布。如果椅面过平，身体容易下滑。它一般采用左右方向近乎平直，前面比后面略高的形状，可以使身体重力分布合理，坐感良好。座面挖成臀部形状并不适宜，因为难以适应各种人的需要，也妨碍坐姿调整，而且是身体重力过于均布，大腿软组织就受压过大。

（5）座面斜角与靠背斜角

座面斜角与靠背斜角分别指座面、靠背与水平面的夹角。设置靠背是为了使人的上体有依靠，减轻对下体、臀部的压力，并使腰椎获得稳定，减少疲劳。靠背都有一定的倾斜，以便后靠，座面一般前部高，以防止靠背时身体向前滑动。休息、休闲用椅的座面、靠背斜角都应较大，让腰背部合理地分担较多的体重。工作用椅因身体前倾，座面斜角也不宜过大，如表11-1所示。

表11-1　座面斜角与靠背斜角的角度

家具类型	座面斜角/（°）	靠背斜角/（°）	必要支撑点
工作用椅	0 ~ 5	100	腰靠
轻度工作用椅	5	105	肩靠
休息用椅	5 ~ 10	110	肩靠
休闲用椅	10 ~ 15	110 ~ 115	肩靠
带靠头躺椅	15 ~ 23	115 ~ 123	肩靠加颈靠

（6）靠背高度

靠背有腰靠、肩靠和颈靠三个关键支撑点。设置腰靠不但可以分担部分人体体重，还能保持脊椎"S"形曲线，高度一般在185 ~ 250mm。设置肩靠高度一般约为460mm，这个高度便于在转体时能舒适地把靠背夹置腋下，如果过高则容易迫使脊椎前屈。设置颈靠应高于颈椎点，一般高度为660mm。

无论哪种椅子，如果同时设置肩靠和腰靠，会更为舒适。工作椅只设置腰靠，不设置肩靠，以利于腰关节与上肢的自由活动。

休息用椅因肩靠稳定，可以忽略腰靠。躺椅则需要增设颈靠来支撑斜仰的头部。

（7）靠背形状

靠背设计要按照有利于舒适坐姿的曲线来设计，一般肩靠处的水平方向设计成微曲线为宜，曲率半径为400～500mm，曲率半径过小会挤压胸腔。腰靠处水平方向最好与腰部曲线吻合，曲率半径可取300mm。

（8）弹性

工作用椅的座面和靠背不宜过软。休息用椅的座面和靠背使用弹性材料可增加舒适感，但要软硬适度。弹性以人体坐下去的压缩量（下沉量）来衡量，如表11-2所示。

表11-2　沙发椅的适度弹性

部位	座面		靠背	
	小沙发	大沙发	上部	下部
压缩量/mm	70	80～120	30～45	<35

（9）扶手

设置扶手是为了支撑手、臂，减轻双肩、背部与上肢的疲劳。扶手高度应等于坐姿时的肘高。扶手如果过高，两肩容易高耸；过低的话，手臂则失去了支持作用。扶手正常高度约为250mm，要使整个前臂能自然平放其上。扶手倾角可取±（10°～±20°）。扶手之间的内部宽度应大于肩宽，一般不小于460mm，沙发等休息用椅可加大到520～560mm。

11.2.2 卧具的尺寸设计

床是供人睡眠休息的主要卧具，也是与人体接触时间最长的家具。床的基本尺寸要求人躺在床上能舒适地尽快入睡，并且要睡好，以达到消除一天的疲劳，恢复体力和补充工作精力的目的。

人在睡眠时，并不是一直处于静止状态，而是经常辗转反侧，人的睡眠质量除了与床垫的软硬有关外，还与床的尺寸有关。

（1）床宽

床的宽度直接影响人睡眠的翻身活动。日本学者做的实验表明，睡窄床比睡宽床的翻身次数少。当宽为500mm的床时，人的睡眠翻身次数要减少30%，只是由于担心翻身时掉下来的心理影响，自然也不能熟睡。实践表明，床宽为700～1300mm时，作为单人床使用，睡眠情况都很好。因此我们可以根据居室的实际情况，单人床的最小宽为700mm。

（2）床长

床的长度是指两床头板内侧或床架内的距离。为了能适应大部分人的身长需求，床的长度应以较高的人体作为标准计算。国家标准GB/T 3328—1997《家具床类主要尺寸》规定，双层床床面长为1920mm、1970mm、2020mm和2120mm四档。对于宾馆的公用床，一般脚部不设计架，为满足特高人体的客人的需要，可以加接脚凳。

（3）床高

床高即床面距地高度。床同时具有坐卧功能。另外还要考虑到人的穿衣、穿鞋等动作。一般床高在400～500mm。

双层床的层间净高必须保证下铺使用者在就寝和起床时有足够的动作空间，过高会造成上下的不便及上层空间的不足。国家标准GB/T 3328—1997规定，双层床的床底铺面离地高度（不放置床垫）为400～440mm，层面净高（不放置床垫）不小于980mm。这一尺寸对穿衣、脱鞋等一系列与床发生关系的动作而言也是合适的。

11.3　凭倚类家具的尺度设计

凭倚类家具是人们工作和生活所必需的辅助性家具。如就餐用的餐桌、写字台、课桌等；另有为站立活动而设置的售货柜台、收银台、讲台和各种操作台等，并兼做放置或储藏物品之用，由于这类家具不直接支撑人体，因此在人性化考虑上没有坐具类家具复杂。这类家具与人体动作只是产生直接的尺度关系，从适合人体功能入手主要考虑以下几个方面。

（1）桌面高度

桌面高度一是要保证视距；二是要保证置肘舒适，以桌椅高差（桌面与椅子座面高差）来保证，300mm为宜。桌面过低，容易使脊椎弯曲，腹部受压，易驼背。桌面过高，容易引起脊椎侧弯、耸肩、近视，肘也常被迫放于桌面之下。

（2）桌面尺寸设计

我国国家标准GB/T 3326《家具桌、椅、凳类主要尺寸》规定，桌面高H=680～760mm，极差Δs=10mm。我们在实际使用时，可根据不同的特点酌情增减。中餐桌的桌面高度可与书写用桌相当。西餐桌、电脑桌、梳妆台的桌面高度可降低些，以便于操作。

双柜写字台宽为1200～2400mm，深为600～1200mm；单柜写字台宽为900～1500mm，深为500～750mm；宽度级差为100mm；深度级差为50mm。如有抽屉的桌子，抽屉不能做得太厚，厚度一般在120～150mm，抽屉下沿距椅子座面至少应有150～172mm的净空。左右空间的宽度为臀部加上活动余量应不小于520mm。

立式用桌（台）的基本要求与尺寸。立式用桌主要指售货柜台、营业柜台、讲台、服务台及各种工作台等。站立时使用的台桌高度是根据人体站立姿势和躯臀自然垂下的肘高来确定的。按我国人体的平均身高，站立用台桌高度以910 ~ 965mm为宜。若需用力工作的操作台，其桌面可以少降低20 ~ 50mm，甚至更低。

立式用桌桌面下部不需留出容膝空间，因此桌台下部经常可做储藏柜用，但立式用桌的底部需要设置容足空间，以利于人体紧靠桌台，这个容足空间是内凹的，高度为80mm，深度在50 ~ 100mm。

11.4　储存类家具的尺度设计

储存类家具是收藏、整理日常生活中的器皿、衣服、消费品、书籍等的家具。可分为柜类和架类。柜类主要有大衣柜、小衣柜、壁柜、书柜、床头柜、陈列柜、酒柜等；而架类主要有陈列架、书架、衣帽架、食品架等。储存类家具的功能设计必须考虑人与物两方面的关系，一方面要求家具储存空间划分合理，方便存取，有利于减少人体疲劳；另一方面又要求家具储存方式合理，储存数量充分，满足存放条件。反之，则会给人们的日常生活带来不便。

存取物品动作尺度，如图11-1所示。

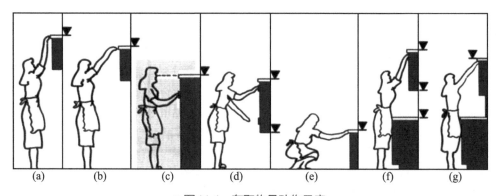

●图11-1　存取物品动作尺度

如图11-1所示，（a）是站立时上臂伸出的取物高度，以1900mm为界限，再高就要站在凳子上存取物品，是经常存取和偶然存取的分界线；（b）是站立时伸臂存取物品较舒适的高度，1750 ~ 1800mm可以作为经常伸臂使用的挂杆的高度；（c）是视平线高度，1500mm是取放物品最舒适的区域；（d）是站立取物比较舒适的范围，600～1200mm的高度，但易受视线影响即需局部弯腰存取物品；（e）是下蹲伸手存取物品的高度，650mm可作经常存取物品的下限高度。

根据图11-1分析，按存取物品的方便程度，我国的柜高限度在1850mm以下的范围。根据人体的动作行为和使用的舒适性及方便性，再可划分为两个区域。第一区域以人肩为轴，上肢半径活动的范围，高度在650～1850mm，是存取物品最方便、使用频率最多的区域，也是人视线最容易看到的视觉领域。第二区域为从地面至人站立时手臂垂下指尖的垂直距离，即650mm以下的区域，该区域存储物品不便，人必须蹲下操作，一般存放较重而不常用的物品。若需要扩大储藏空间，节约占地面积，可以设置第三区域，即橱柜的上空1850mm以上的区域。一般可叠放橱架，存放轻的过季物品，如图11-2所示。

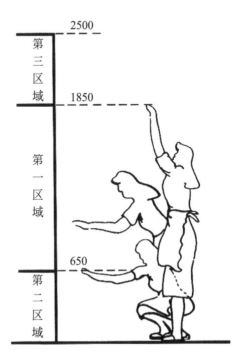

● 图11-2 方便存取的高度（单位：mm）

表11-3对上述内容做了归纳。

表11-3 存取空间

序号	高度/mm	区间	存放物品	应用举例
第一区域	650～1850	方便存取空间	常用物品	应季衣服日常生活用品
第二区域	0～650	弯蹲存取空间	不常用、较重物品	箱、鞋、盒
第三区域	1850～2500	超高存取空间	不常用轻物	过季衣服

11.5 常用的家具功能尺寸

人体工学尺寸在装饰工程设计和家具制作时，必然要考虑室内空间、家具陈设等与人体尺度的关系问题，为了方便装饰室内设计，这里介绍一些常用的尺寸数据作为参考。

（1）墙面尺寸

① 踢脚板高：80 ~ 200mm。

② 墙裙高：800 ~ 1500mm。

③ 挂镜线高：1600 ~ 1800mm（画中心距地面高度）。

（2）餐厅

① 餐桌高：750 ~ 790mm。

② 餐椅高：450 ~ 500mm。

③ 圆桌直径：二人800mm，四人900mm，五人1100mm，六人1100 ~ 1250mm，八人1300mm，十人1500mm，十二人1800mm。

④ 方餐桌尺寸：二人700mm×850mm，四人1350mm×850mm，八人2250mm×850mm。

⑤ 餐桌转盘直径：700 ~ 800mm。

⑥ 餐桌间距：（其中座椅占500mm）应大于500mm。

⑦ 主通道宽：1200 ~ 1300mm。

⑧ 内部工作道宽：600 ~ 900mm。

⑨ 酒吧台高：900 ~ 1050mm，宽500mm。

⑩ 酒吧凳高；600 ~ 750mm。

（3）商场营业厅

① 单边双人走道宽：1600mm。

② 双边双人走道宽：2000mm。

③ 双边三人走道宽：2300mm。

④ 双边四人走道宽；3000mm。

⑤ 营业员柜台走道宽：800mm。

⑥ 营业员货柜台：厚600mm，高800 ~ 1000mm。

⑦ 单背立货架：厚300 ~ 500mm，高1800 ~ 2300mm。

⑧ 双背立货架：厚600 ~ 800mm，高1800 ~ 2300mm

⑨ 小商品橱窗：厚500 ~ 800mm，高400 ~ 1200mm。

⑩ 陈列地台高：400 ~ 800mm。

⑪ 敞开式货架：400 ~ 600mm。

⑫ 放射式售货架：直径2000mm。

⑬ 收款台：长1600mm，宽600mm。

（4）饭店客房

① 标准面积：大25m²，中16～18m²，小16m²。

② 床：高400～450mm，宽850～950mm。

③ 床头柜：高500～700mm，宽500～800mm。

④ 写字台：长1100～1500mm，宽450～600mm，高700～750mm。

⑤ 行李台：长910～1070mm，宽500mm，高400mm。

⑥ 衣柜：宽800～1200mm，高1600～2000mm，深500mm。

⑦ 沙发：宽600～800mm，高350～400mm，背高1000mm。

⑧ 衣架高：1700～1900mm。

（5）卫生间

① 卫生间面积：3～5m²。

② 浴缸长度：一般有三种1220mm、1520mm、1680mm；宽720mm，高450mm。

③ 座便；750mm×350mm。

④ 冲洗器：690mm×350mm。

⑤ 盥洗盆：550mm×410mm。

⑥ 淋浴器高：2100mm。

⑦ 化妆台：长1350mm；宽450mm。

（6）会议室

① 中心会议室客容量：会议桌边长600mm。

② 环式高级会议室客容量：环形内线长700～1000mm。

③ 环式会议室服务通道宽：600～800mm。

（7）交通空间

① 楼梯间休息平台净空：等于或大于2100mm。

② 楼梯跑道净空：等于或大于2300mm。

③ 客房走廊高：等于或大于2400mm。

④ 两侧设座的综合式走廊宽度等于或大于2500mm。

⑤ 楼梯扶手高：850～1100mm。

⑥ 门的常用尺寸：宽850～1000mm。

⑦ 窗的常用尺寸：宽400～1800mm（不包括组合式窗子）。

⑧ 窗台高：800～1200mm。

（8）灯具

① 大吊灯最小高度：2400mm。

②壁灯高：1500 ~ 1800mm。

③反光灯槽最小直径：等于或大于灯管直径的2倍。

④壁式床头灯高：1200 ~ 1400mm。

⑤照明开关高：1000mm。

（9）办公家具

①办公桌：长1200 ~ 1600mm，宽500 ~ 650mm，高700 ~ 800mm。

②办公椅：高400 ~ 450mm，长×宽：450mm×450mm。

③沙发：宽600 ~ 800mm，高350 ~ 400mm，背面1000mm。

④茶几：前置型900mm×400mm×400mm（高），中心型：900mm×900mm×400mm、700mm×700mm×400mm；左右型：600mm× 400mm×400mm。

⑤书柜：高1800mm，宽1200 ~ 1500mm，深450 ~ 500mm。

⑥书架：高1800mm，宽1000 ~ 1300mm，深350 ~ 450mm。

案例

久坐一族需要的 W 椅子

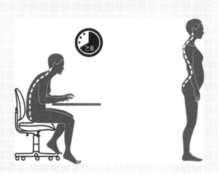

W团队设计的这把W椅子在角度和几何形状的设计上下足了功夫。经过一年和人机工程学专家的研究、设计、测试，设计团队发现符合人体工程学的坐姿能够有效减轻身体的压力，由此诞生了这款椅子。如图11-3所示为创意思维过程。

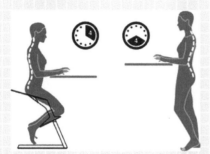

●图11-3　创意思维过程

它由连续三维表面制作而成，采用鞍式座椅，并提供了两个支撑膝盖的平台，来减轻久坐给膝盖带来的负担。如图11-4所示为模型制作。

无论是办公还是家用，无论是上学还是单纯的冥想，它都可以胜任。如图11-5所示为使用场景。

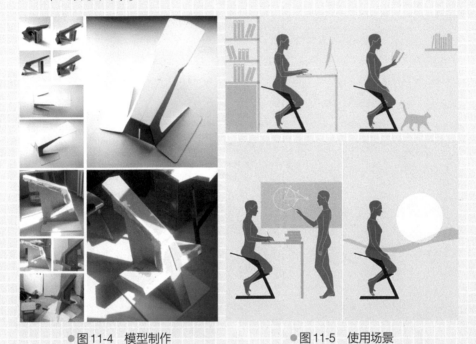

●图11-4　模型制作　　　　　　　　　●图11-5　使用场景

有黑色、褐色、黄色三种颜色可选，尺寸也有小、中、大三种（图11-6）。

●图11-6　W椅子

12

家具与
环境

12.1 家具在室内环境中的作用

家具是构成建筑环境室内空间的使用功能和视觉美感的第一至关重要的因素。尤其是在科学技术高速发展的今天，由于现代建筑设计和结构技术都有了很大的进步，建筑学的学科内涵有了很大的发展，现代建筑环境艺术、室内设计与家具设计作为一个学科的分支逐渐从建筑学科中分离出来，形成几个新的专业。由于家具是建筑室内空间的主体，人类的工作、学习和生活在建筑空间中都是以家具来演绎和展开的，无论是生活空间、工作空间、公共空间，在建筑室内设计上都是要把家具的设计与配套放在首位，家具是构成建筑室内设计风格的主体，然后再按顺序深入考虑天花、地面、墙、门、窗各个界面的设计，加上灯光、布艺、艺术品陈列、现代电器的配套设计，综合运用现代人体工学、现代美学、现代科技的知识，为人们创造一个功能合理、完美和谐的现代文明建筑室内空间。由此可见，家具设计要与建筑室内设计相统一，家具的造型、尺度、色彩、材料、肌理要与建筑室内相适应，家具设计要深入研究、学习建筑与室内设计专业的相关知识和基本概念。现代家具设计从19世纪欧洲工业革命开始就逐步脱离了传统的手工艺的概念，形成一个跨越现代建筑设计、现代室内设计、现代工业设计的现代家具新概念。

家具对室内环境的影响主要体现在以下几个方面。

12.1.1 | 组织空间

建筑室内为家具的设计、陈设提供了一个限定的空间，家具设计就是在这个限定的空间中，以人为本，去合理组织安排室内空间的设计。在建筑室内空间中，人从事的工作、生活方式是多样的，不同的家具组合，可以组成不同的空间。如沙发、茶几（有时加上灯饰）与组合声像柜组成起居、娱乐、会客、休闲的空间；餐桌、餐椅、酒柜组成餐饮空间；整体化、

● 图 12-1　希腊Rhodos餐厅设计

标准化的现代厨房组合成备餐、烹调空间；电脑工作台、书桌、书柜、书架组合成书房、家庭工作室空间；会议桌、会议椅组成会议空间；床、床头柜、大衣柜可以组合成卧室空间。随着信息时代的到来与智能化建筑的出现，现代家具设计师对不同建筑空间概念的研究将不断创造新的家具和新的设计时空。如图12-1所示为希腊Rhodos餐厅设计。

12.1.2 分割空间

在现代建筑中，由于框架结构的建筑越来越普及，建筑的内部空间越来越大、越来越通透，无论是现代的大空间办公室、公共建筑，还是家庭居住空间，墙的空间隔断作用越来越多地被隔断家具所替代，既满足了使用的功能，又增加了使用的面积。如整面墙的大衣柜、书架，各种通透的隔断与屏风，大空间办公室的现代办公家具组合屏风与护围，组成互不干扰又互相连通的具有写字、电脑操作、文件储藏、信息传递等多功能的办公单元。家具取代墙在建筑室内分隔空间，特别是在室内空间造型上大大提高了室内空间的利用率，丰富了建筑室内空间的造型。如图12-2所示为Hair Stylist美发沙龙。

● 图12-2　Hair Stylist美发沙龙空间设计

12.1.3 填补空间

在空间的构成中，家具的大小、位置成为构图的重要因素，如果布置不当，会出现轻重不均的现象。因此，当室内家具布置存在不平衡时，可以应用一些辅助家具，如柜、几、架等设置于空缺的位置或恰当的壁面上，使室内空间布局取得均衡与稳定的效果。

另外，在空间组合中，经常会出现一些尺度低矮的尖角难以正常使用的空间，布置合适的家具后，这些无用或难用的空间就变得有用起来。如坡屋顶住宅中的屋顶空间，其边沿是低矮的空间，我们可以布置床或沙发来填补这个空间，因为这些家具为人们提供低矮活动的可能性，而有些家具填补空间后则可作为储物之用。如图12-3所示为将楼梯间的空间打造成书架。

● 图12-3　将楼梯间的空间打造成书架

12.1.4 扩大空间

用家具扩大空间是利用它的多用途和叠合空间的使用及储藏来实现的，特别在小户型家居空间中，家具起的扩大空间的作用是十分有效的。间接扩大空间的方式有以下3种。

① 壁柜、壁架方式　固定式的壁柜、吊柜、壁架家具可利用过道、门廊上部或楼梯底部、墙角等闲置空间，从而将各种杂物有条不紊地储藏起来，起到扩大空间的作用。

② 多功能家具和折叠式家具　能将许多本来平行使用的空间加以叠合使用，如组合家具中的翻板书桌、组合橱柜中的翻板床（图12-4）、多用沙发、折叠椅等。它们可以使同一空间在不同时间作多种使用。

● 图12-4　翻板床

③ 嵌入墙内的壁式柜架　由于其内凹的柜面，使人的视觉空间得以延伸，起到扩大空间的效果（图12-5）。

●图12-5　嵌入式衣柜

12.1.5 调节色彩

　　室内环境的色彩是由构成室内环境的各个元素的材料固有颜色所共同组成的，其中包括家具本身的固有色彩。由于家具的陈设作用，家具的色彩在整个室内环境中具有举足轻重的作用。在室内色彩设计中，我们用得较多的设计原则是"大调和、小对比"，其中，小对比的设计手法，往往就落在家具和陈设上。如在一个色调沉稳的客厅中，一组色调明亮的沙发会带来精神振奋和吸引视线从而形成视觉中心的作用；在色彩明亮的客厅中，几个彩度鲜艳、明度深沉的靠垫会造成一种力度感的气氛。另外，在室内设计中，经常以家具织物的调配来构成室内色彩的调和或对比调子。

　　无论是我们经常去的Costa、星巴克等连锁咖啡店，还是坐落于世界各个角落的特色咖啡。咖啡豆一般的深色系装饰风格已然成为常态。我们或许已经习惯了在厚重质感的包围中，喝下一杯杯香醇的咖啡。不过，打造Voyager Espresso的这群人显然不信邪。这家位于纽约的咖啡店一反常态地将冰冷的未来感作为设计方向，搭配极简的室内装饰营造出这样一个超现实空间。

　　眼前一"亮"的原因更多是因为这家店在光线上玩得肆无忌惮。坐落于地铁大厅的它在采光方面本身毫无优势。基于此，银色墙面与冷色灯光的搭配就显得相得益彰，呈现出了一种科学实验室的既视感。不大的咖啡店分为两个区域，就餐区、点餐区，使用了基本相同的视觉风格，只在灯光上照顾了在此休息的顾客（图12-6）。

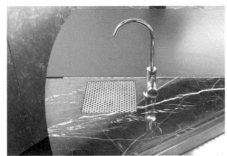

●图12-6　纽约咖啡店 Voyager Espresso

12.1.6 营造氛围

由于家具的艺术造型及风格带有强烈的地方性和民族性，因此在室内设计中，常常利用家具的这一特性来加强设计的民族传统文化的表现及特定环境氛围的营造。

在居家室内，则根据主人的爱好及文化修养来选用各具特色的家具，以获得现代的、古典的或民间充满自然情调的环境气氛（图12-7）。

●图12-7　北京和合谷餐厅空间设计

12.1.7 陶冶情趣

家具经过设计师的设计、工匠的精心制作，成为一件件实用的工艺品，它的艺术造型会渗透着流传至今的各种艺术流派及风格。人们根据自己的审美观点和爱好来挑选家具，但使人惊奇的是人们会以群体的方式来认同各种家具式样和风格流派的艺术形式，其中有些人是主动接受的，有些人是被动接受的，也就是说，人们在较长时间与一定风格的造型艺术接触下，受到感染和熏陶后出现的品物修养，越看越爱看、越看越觉得美的情感油然而生。另外，在社会生活中，人们还有接受他人经验、信息媒介和随波逐流的消费心理，间接地产生艺术感染的渠道，出现先跟潮购买，后受陶冶而提高艺术修养的过程（图12-8）。

● 图12-8　涂鸦的墙壁和个性的艺术造型——Dynamic办公空间家具设计

12.2　不同家居风格下的家具陈设

12.2.1 传统中式风格

中国传统风格成为东方的一大特色，蕴涵着出众品质：一是庄严典雅的气度；二是潇洒飘逸的气韵，象征着超脱的性灵意境。我们常说的中式风格是以宫廷建筑为代表的中国古典建筑的室内装饰设计艺术风格。

（1）元素特征

以中国传统文化内涵为设计元素，具有现代文艺气息和古典文化神韵。注重突出优雅、气势恢弘、壮丽华贵、高空间、大进深、雕梁画栋、金碧辉煌、成熟稳重的感觉。

（2）材质特征

材质以木材为主，多采用酸枝木或大叶檀香等高档硬木。

（3）色彩特征

色彩以深色沉稳为主，采用以红色、黑色、黄色为主的装饰色调。

（4）造型特征

总体布局对称均衡，端正稳健，而在装饰细节上崇尚自然情趣，花鸟、鱼虫等精雕细琢，富于变化，充分体现出中国传统美学精神。空间上讲究层次，多用隔窗、屏风来分割，用实木做出结实的框架，以固定支架，中间用棂子雕花，做成古朴的图案。门窗一般是用棂子做成方格或其他中式的传统图案，用实木雕刻成各式题材造型，打磨光滑，富有立体感。天花以木条相交成方格形，上覆木板，也可做简单的环形的灯池吊顶，用实木做框，层次清晰，漆成花梨木色。古典风格大多都是以窗花、博古架、中式花格、顶棚梁柱等装饰为主。另外，会增加国画、字画、挂饰画等做墙面装饰，再增加些盆景以求和谐（图12-9）。

● 图12-9　传统中式风格室内设计

12.2.2 新中式风格

新中式风格是中式元素与现代材质的巧妙兼容，明清家具、窗棂、布艺床品相互辉映，是逐渐发展成熟的新一代设计队伍和消费市场孕育出的一种新的理念。

（1）元素特征

中国传统风格在当代文化滋养下的当代设计，呈现出清雅含蓄、简洁现代、古朴大方、优雅温馨、自然脱俗、成熟稳重的风格。

（2）材质特征

中式风格的建材往往是取材于大自然，例如木头、石头，尤其是木材，从古至今更是中式风格朴实的象征。也可以运用多种新型材料，使浓厚的东方气质和古典元素搭配得相得益彰。

（3）色彩特征

一是以苏州园林和京城民宅的黑色、白色、灰色为基调；二是在黑色、白色、灰色的基础上以皇家住宅的红色、黄色、蓝色、绿色等作为局部色彩。新中式设计中，黑色、粉色、橙色、红色、黄色、绿色、白色、紫色、蓝色、灰色、棕色等各种颜色都可以和谐使用。

（4）造型特征

新中式风格非常讲究空间的层次感，依据住宅使用人数和私密程度的不同，做出分隔的功能性空间。在需要隔断视线的地方，则使用中式的屏风或窗棂、中式木门、工艺隔断、简约化的中式"博古架"进行间隔。通过这种新的分隔方式，单元式住宅展现出中式家居的层次之美，再添加一些简约的中式元素造型，如甲骨文、中式窗棂、方格造型等，使整体空间感觉更加丰富，大而不空、厚而不重，有格调又不显压抑。新中式装饰风格的住宅中，空间装饰采用简洁、硬朗的直线条，有时还会采用具有西方工业设计色彩的板式家具，搭配中式风格来使用。直线装饰的使用不仅反映出现代人追求简单生活的居住要求，更迎合了中式家具追求内敛、质朴的设计风格，使新中式更加实用，更富现代感。

新中式家具的构成主要体现在线条简练流畅，内部设计精巧的传统家具多以明清家具为主，或现代家具与古典家具相结合。家具以深色为主，书卷味较浓。条案、靠背椅、罗汉床、两椅一几经常被选用。布置上，家具更加灵活随意。

新中式风格的饰品主要是瓷器、陶艺、中式窗花、字画、布艺以及具有一定含义的中式古典物品，精美的瓷器、寓意深刻的装饰画等。完美地演绎历史与现代、古典与时尚的激情碰撞，营造了回归自然的意境。

案例

极具古韵的桌面收纳方盒

在中国古代时，文人墨客便十分讲究生活情趣，将文房用品称之为"文玩"。设计师希望能将这种情怀延续下去，于是选择用竹介MINI桌面收纳盒来诠释自己的理念（图12-10）。

● 图12-10 极具古韵的桌面收纳方盒设计

这组收纳盒由最基本的四种元素组成：框、斗、抽、盖。形状选择了最原本的方形，这也正表达了设计师的设计理念："方盒，设计的本源，来自于最简约方形的演绎、组合，尺寸关系的玩味。方，盛也，举天下之豪杰莫能与之争，表达在自由生长中的包容与和谐，通过各种规格的自由组合来达成盒子收纳功能的无限延伸。"

将元素抽离、模块化，搭配起来往往能有更惊艳的效果。灵感来源于七巧板，框、斗、抽、盖这四种简单的元素能把玩出无数种可能。组合起来的收纳盒，结构上有两大特点：延伸和关系。

方盒以框与框的组合叠加为重要组成。在这种叠加过程中，通过"框—框—斗—抽"的持续演绎、强化

● 图12-11 得到延伸的功能和结构

的方式，以这种不断地"进一步延伸"，形成自我体系，呈现出设计的无穷尽与百变，满足收纳从大物件到小物件的储物功能分类（图12-11）。

而在方盒系统中，不仅有框、斗、抽之间的组合，更体现在框与框、斗与斗、抽与抽之间的组合关系中。尺寸相同的构件，都可以通过独有的结构特点叠加在一起，形成另一种收纳系统。甚至可以将框旋转90°，如筒般放置时，原本在框内的抽，可以转变为盖子。而这些组合的可能性，正是源于对尺寸的反复推敲（图12-12）。

材料则选择了极具古风之美、民族之情的竹子，表面的涂层工艺处理上，选择了漆和油的双向处理方式，不仅防潮，而且最大限度地保留了竹纹理的自然体现。最传统的榫接工艺，不增加过多的装饰，更能与整体家居风格自由搭配。

●图12-12　通过独有的结构特点叠加在一起形成另一种收纳系统

（5）中式风格和新中式风格区别

新中式融入了现代的元素，例如在材质、构造、装饰、布置上，新中式家具更加灵活随意。

新中式风格是对中式风格的扬弃，新中式风格将中式元素和现代设计两者的长处有机结合，其精华之处在于以内敛沉稳的古意为出发点，既能体现中国传统神韵，又具备现代感的新设计、新理念等，从而使家具兼具古典与现代的神韵。

12.2.3 欧式风格

欧式风格根据不同的时期常被分为古典风格、中世纪风格、文艺复兴风格、巴洛克风格、新古典主义风格、洛可可风格等，根据地域文化的不同则有地中海风格、法国巴洛克风格、英国巴洛克风格、北欧风格、美式风格等。

（1）元素特征

主要是突出豪华、大气、奢侈、雍容华贵。

（2）材质特征

装修材料常用大理石、多彩的织物、精美的地毯、精致的法国壁挂，整个风格豪华、富丽，充满强烈的动感效果。

（3）色彩特征

欧式风格在色彩上比较大胆，采用的或是富丽堂皇、浓烈色彩、华丽色彩，或是清新明快，或是古色古香。从家居的整体色彩来说，它大多以金色、黄色和褐色为主色调，这使得整个家居设计显得大气十足。色彩上也结合典雅的古代风格，精致的中世纪风格，富丽的文艺复兴风格，浪漫的巴洛克、洛可可风格，一直到庞贝式、帝政式的新古典风格，在各个时期都有各种精彩的演绎，是欧式风格不可或缺的要角。

（4）造型特征

欧式装饰风格适用于大面积房子，若空间太小，不但无法展现其风格气势，反而对生活在其间的人造成一种压迫感。欧式风格在设计上追求空间变化的连续性和形体变化的层次感，在造型设计上既要突出凹凸感，又要有优美的弧线，两种造型相映成趣，风情万种（图12-13）。

●图12-13 斯德哥尔摩极简北欧风格餐厅家具设计

● 图 12-14　地中海风格家具设计

12.2.4 地中海风格

地中海风格是阳光、沙滩与海的交融，湛蓝与灰白相搭配，显示出浓厚的田园艺术气息。作为文艺复兴时期兴起的一种家居风格，时常会采用做旧等家具艺术工艺加以描绘，凸显出地中海风格富含深厚精细加工工艺的历史韵味，是一款不可多得的艺术家居款型（图12-14）。

（1）元素特征

白灰泥墙、连续的拱廊与拱门，陶砖、海蓝色的屋瓦和门窗。地中海风格给人以自由、清新、纯净、亲切、纯朴而浪漫的自然风情。

（2）材质特征

家具尽量采用低彩度、线条简单且修边浑圆的木质家具。地面则多铺赤陶或石板，在室内，窗帘、桌巾、沙发套、灯罩等均以低彩度色调和棉织品为主。素雅的小细花条纹格子图案是主要风格。马赛克镶嵌、拼贴在地中海风格中算较为华丽的装饰。主要利用小石子、瓷砖、贝类、玻璃片、玻璃珠等素材，切割后再进行创意组合。独特的锻打铁艺家具，也是地中海风格独特的美学产物。同时，地中海风格的家居还要注意绿化，爬藤类植物是常见的居家植物，小巧可爱的绿色盆栽也常看见。

（3）色彩特征

① 蓝色与白色　是比较典型的地中海颜色搭配。

② 黄色、蓝紫色和绿色　南意大利的向日葵、南法的薰衣草花田，金黄色与蓝紫色的花卉与绿叶相映，形成一种别有情调的色彩组合，十分具有自然的美感。

③ 土黄色及红褐色　这是北非特有的沙漠、岩石、泥、沙等天然景观颜色，再辅以北非土生植物的深红色、靛蓝色，加上黄铜色，带来一种大地般的浩瀚感觉。

（4）造型特征

地中海风格的建筑特色是：拱门与半拱门、马蹄状的门窗，家中的墙面处（只要不是承重墙）均可运用半穿凿或者全穿凿的方式来塑造室内的景中窗。这是地中海家居的一个情趣之处。房屋或家具的线条不是直来直去的，显得比较自然，因而无论是家具还是建筑，都形成一种独特的浑圆造型。

12.2.5 东南亚风格

东南亚豪华风格是一个结合东南亚民族岛屿特色及精致文化品位相结合的设计（图12-15）。

（1）元素特征

风格浓烈、优雅、稳重而有豪华感，奢华又有温馨和谐和的丝丝禅意。东南亚风格追求的是一种自然的气息，融入生活的纯生态的美感。同时追求随意的野性，这是深居城市的人们在生活压力下的一种对自由的渴望。东南亚风格家具追求纯手工编织，要求不带工业色彩，环保的同时又带有一丝贵气。

●图12-15　东南亚风格家具设计

（2）材质特征

大多以纯天然的藤、竹、柚木为材质，纯手工制作而成。这些材质会使居室显得自然古朴，仿佛沐浴着阳光雨露般舒畅。

（3）色彩特征

装饰色彩多以黄色、绿色、金色和红色为主，以求与外界环境交融。色泽以原藤、原木的色调为主，大多为褐色等深色系。东南亚风情标志性的炫色系列多为深色系，且在光线下会变色，沉稳中透着一点贵气。配饰（如靠垫、布艺）多采用亮丽鲜艳的色彩，起到活跃空间的作用。

（4）造型特征

空间上讲究多层次，多用隔窗、屏风来分割，多以直线为主，简洁大方，又不失格调。连贯穿插，注重空间的交互性和空间与环境的相互平面开敞流动，多用推拉隔断，空间用线以及由线构成的面相互融合。室内多摆放东南亚植物。

12.2.6 现代简约风格

简约不等于简单，它是经过深思熟虑后，再经过创新得出的设计和思路的延展，不是简单的"堆砌"和平淡的"摆放"。它是将设计的元素、色彩、照明、原材料简化到最少的程度，但对色彩、材料的质感要求很高。简约的空间设计通常非常含蓄，往往能达到以少胜多、以简胜繁的效果。在家具配置上，白亮光系列家具，独特的光泽使家具备感时尚，具有舒适与美观并存的享受。强调功能性设计，线条简约流畅，色彩对比强烈，这是现代风格家具的特点。

（1）材质特征

大量使用钢化玻璃、不锈钢等新型材料作为辅材，也是现代风格家具的常见装饰手法，能给人带来前卫、不受拘束的感觉。

（2）色彩特征

延续了黑色、白色、灰色的主色调，以简洁的造型、完美的细节，营造出时尚前卫的感觉。

（3）造型特征

由于线条简单、装饰元素少，现代风格家具需要完美的软装配合，才能显示出美感。例如沙发需要靠垫、餐桌需要餐桌布、床需要窗帘和床单陪衬，软装到位是现代风格家具装饰的关键。

案例

收纳式梳妆台

如图12-16所示，这个梳妆台由一张简单桌子和一个层叠式的抽屉组成，它的最大特色是不占空间，易于收纳。

设计师把梳妆台最小化地靠在墙上。桌子有两层，拉开上层便是镜子，可以方便梳妆，关上又可以作为一个小办公桌使用。旁边的层叠抽屉是可收纳的，有两层，不用的时候可以收起来。整体设计风格很简洁明了，没有多余的装饰，更体现出它简约质朴的材质和形态的美感。

●图12-16　收纳式梳妆台

12.2.7 美式田园风格

美式田园风格又被称为美式乡村风格，属于自然风格的一支，倡导"回归自然"。田园风格在美学上推崇自然、结合自然，在室内环境中力求表现悠闲、舒畅、自然的田园生活情趣和元素特征。美式田园有务实、规范、成熟的特点，粗犷大气、简洁优雅、简洁明快、温馨、自然质朴，追求舒适性、实用性和功劳性为一体，清婉惬意，外观雅致休闲（图12-17）。

●图12-17　美式田园风格家具设计

（1）材质特征

美式田园对仿古的墙地砖、石材有偏爱。材料选择上多倾向于较硬、光挺、华丽的材质，同时装修和其他空间要更加明亮光鲜，通常使用大量的石材和木饰面装饰，比如喜好仿古的墙砖、橱具门板，喜好实木门扇或白色模压门扇仿木纹色；另外，厨房的窗也喜欢配置窗帘等，美式家具一般采用胡桃木和枫木。

（2）色彩特征

色彩多以淡雅的板岩色和古董色，家具颜色多仿旧漆，式样厚重。墙壁白居多，随意涂鸦的花卉图案为主流特色，线条随意但注重干净、干练。

（3）造型特征

地中海样式的拱形。美式家具的特点是优雅的造型，清新的纹路，质朴的色调，细腻的雕饰，舒适高贵中透露出历史文化内涵。室内绿化也较为丰富，装饰画较多。

参考文献

[1] 舒伟，左铁峰，孙福良.家具设计.北京：海洋出版社，2014.

[2] [英]Stuart Lawson（斯图尔特.劳森）著.家具设计：世界顶尖设计师的家私设计秘密.
    李强译.北京：电子工业出版社，2015.

[3] 程瑞香.室内与家具设计人体工程学.北京：化学工业出版社，2008.

[4] 杨凌云，郭颖艳.家具设计与陈设.重庆：重庆大学出版社，2015.

[5] 唐开军，行焱.家具设计.北京：中国轻工业出版社，2015.

[6] 主云龙.家具设计.北京：人民邮电出版社，2015.

[7] 徐岚，赵慧敏.现代家具设计史.北京：北京大学出版社，2014.